DES

EAUX THERMO-MINÉRALES

CHLORURÉES-SODIQUES

DE BOURBONNE-LES-BAINS.

AF728582

Langres, imp. de E. L'huillier.

DES EAUX THERMO-MINÉRALES CHLORURÉES-SODIQUES DE BOURBONNE-LES-BAINS

(Haute-Marne)

PAR ÉMILE RENARD,

DOCTEUR EN MÉDECINE DE LA FACULTÉ DE PARIS.

BIBLIOTHÈQUE IMPÉRIALE IMPR.

DEPOT LEGAL
Hte Marne.
36.
1860.

BOURBONNE-LES-BAINS,
J. BEL, LIBRAIRE, PLACE DE LA FONTAINE,
Et les principaux Libraires du département,

1860.

AVERTISSEMENT.

Cet écrit n'est autre chose que la Thèse soutenue par l'auteur à la Faculté de Médecine de Paris, le 27 mai 1859, et pour laquelle S. Exc. M. le Ministre de l'Agriculture, du Commerce et des Travaux publics a bien voulu lui accorder une médaille de bronze, sur la proposition de l'Académie impériale de Médecine.

L'auteur n'a pas la prétention d'avoir présenté un travail complet ; mais, en attendant qu'il ait à y ajouter les nouveaux développements que le sujet comporte, il a pensé pouvoir le publier dans sa teneur première et sous un format plus usuel, ce qui a été pour lui une occasion d'en revoir le texte, et d'y relever quelques inexactitudes et omissions de détail, qui lui sont échappées dans la précipitation du travail de la première impression.

DES

EAUX THERMO-MINÉRALES

CHLORURÉES-SODIQUES

DE BOURBONNE-LES-BAINS.

CHAPITRE PREMIER.

ORIGINES, ANTIQUITÉS, BIBLIOGRAPHIE.

Bourbonne est nommée par Aimoin, Vigner, et autres chroniqueurs, *Vernone, Vervonne* ou *Vorvonne*, et, dans des temps moins reculés, *Borbonne*. Ce mot signifiait primitivement *chaude fontaine* en langue celtique, étant dérivé des deux radicaux *borv*, ou *vorv*, ou *verv*, qui se traduit par *chaud*, et *von*, qui se traduit par *fontaine*.

Les eaux de Bourbonne sont connues et usitées de temps immémorial. Il en est peu dont la célébrité ait été plus grande, et dont l'utilité médicale aît aussi été mieux constatée, depuis les temps les plus anciens jusqu'à nos jours. On a trouvé, à l'occasion de fouilles exécutées dans le dernier siècle (de 1763 à 1785), des ouvrages en briques et en pierre, et les débris d'un ancien pavé de marbre assis sur une couche épaisse de ciment. Ces ouvrages, établis à une profondeur de 2 à 5 mètres au-dessous du sol actuel, n'ont pu être attribués qu'aux Romains. D'autres vestiges de constructions découvertes à la même époque, à une profondeur plus considérable encore, autorisent à penser que les eaux de Bourbonne étaient connues et employées très-longtemps même avant l'invasion de ceux-ci.

Mais ce qui met hors de doute la présence et la fréquentation des Romains, ce sont les médailles à l'effigie de leurs empereurs, qu'on trouve à chaque instant dans le sol bourbonnais; c'est le nom de *bain Patrice,* attaché à la source même de l'hôpital militaire, et l'existence de deux inscriptions votives très-bien conservées. La première, gravée sur la pierre, et dont les caractères, selon Dunod, paraissent dater du IIIe siècle, est ainsi conçue :

ORVONI. T
MONÆ. C. IA
TINIVS. RO
MANUS. IN.
G. PRO. SALV
E. COCILLÆ.

FIL. EX. VOTO.

Plusieurs antiquaires et savants, dans le nombre desquels je citerai Gruter et le bénédictin Dom Calmet, se sont occupés de cette inscription, dont quelques mots, incomplets ou mutilés, ont été interprétés diversement. On a supposé que le premier mot devait être précédé d'un B ou d'un V, la pierre étant fruste à l'endroit qui pouvait être occupé par une de ces lettres ; et cette supposition a pris le caractère d'une certitude depuis qu'on a retrouvé le nom de BORVONI dans deux autres inscriptions, existant, l'une à Bourbonne, et l'autre à Bourbon-Lancy. Le second mot, dont les premières lettres manquent, a été également restitué à l'aide de ces deux dernières inscriptions, sur lesquelles on lit très-distinctement le nom de DAMONÆ. Le mot IN, à la fin de la quatrième ligne, et la lettre G, commençant le cinquième, avaient été lus, par la plupart des commentateurs : IN GALLIA; mais M. Berger de Xivrey, membre de l'Académie des Inscriptions et Belles-Lettres, a pensé qu'on devait lire INGENVVS. Le mot qui se trouve au commencement de la dernière ligne se prêtait à deux versions, celle de FILIUS ou FILIÆ ; mais la seconde version semble avoir prévalu.

La seconde inscription est gravée sur une plaque de marbre blanc, de 0,17 centim. de hauteur sur 0,14 centim. de largeur. Cette inscription, d'une conservation parfaite, et qui a été trouvée dans les décombres d'une maison incendiée à Bourbonne, le 7 janvier 1833, est distribuée ainsi qu'il suit :

DEO APOL
LINI. BORVON.
ET DAMONÆ.
C. DAMINIVS.
FEROX CIVIS
LINGONVS. EX
VOTO.

La découverte de cette dernière inscription, qui appartient à mon père, a fourni à M. Berger de Xivrey le texte d'une dissertation très-savante sur Bourbonne et ses antiquités. Il a reproduit, à cette occasion, une inscription trouvée à Bourbon-Lancy, et qui contient également les noms de BORVONI et de DAMONÆ.

Ce qui résulte évidemment de ces inscriptions, c'est que la célébrité médicale des eaux de Bourbonne est des plus anciennes, et c'est à ce titre surtout que j'ai cru devoir les citer ici.

Plusieurs écrivains s'accordent à faire mention d'une saline qui, suivant eux, aurait autrefois existé dans le voisinage des thermes construits par les Romains, et dont la fondation paraîtrait devoir être encore attribuée à ces conquérants des Gaules.

Une autre opinion, généralement admise, est que la rue *Vellonne* a reçu d'eux son nom, qui serait ainsi dérivé de *Bellonne*. On montre même à l'extrémité de cette rue les restes d'une ancienne chaussée, dont ils passent pour avoir été les fondateurs, et près de laquelle ont été trouvées, en 1803, différentes figures en pierre. Ces figures, dont l'une fut envoyée, dit-on, à la sous-préfecture, étaient peut-être aussi relatives à la représentation de quelques divinités romaines. On peut, avec assez de vraisemblance, élever la même supposition sur deux statues mutilées, de marbre blanc, trouvées longtemps auparavant dans le terrain de l'ancien château. Ce château, nommé par les historiens *castrum Vervoniense* ou *Borboniense* (château Bourbonne), fut, d'après certaines chroniques, élevé en 612 sur la ruine d'un ancien temple ; et c'est à Théodoric ou Thierry II, roi de Bourgogne, et petit-fils de la célèbre Brunehault, qu'on en attribue la fondation.

L'existence antérieure de cet ancien temple est fondée sur le témoignage des historiens, non moins que sur l'*ex-voto* dont j'ai déjà fait mention, et qui, de temps immémorial, était conservé dans le château comme un dernier monument du culte autrefois rendu à la déesse des thermes.

A dater de l'année 612, en deça de laquelle on ne peut évoquer d'autres souvenirs, à Bourbonne, que ceux de la fréquentation des Romains, nous continuons à ne rencontrer qu'obscurité dans son histoire jusqu'en 1717, où ses archives périrent, à l'occasion d'un incendie dont la violence fut extraordinaire, et dont on possède une très-curieuse relation, tirée d'une lettre écrite à monseigneur le prince de Talmont par le curé de ce temps.

L'extrémité de la colline où repose Bourbonne est entièrement occupée par les dépendances du château qui domine au loin la ville et ses alentours.

Le plan de la première construction du château fut celui d'une petite fortification (*castrum*), et jusqu'à ces derniers temps, il en a conservé l'aspect; mais, depuis que le bâtiment principal et la vieille tour ont été détruits, depuis que les fossés qui semblaient défendre son enceinte ont été comblés, il ne reste plus d'autres monuments de sa destination primitive et de son antiquité qu'un vieux donjon mutilé. Aujourd'hui c'est une jolie propriété moderne, appartenant à un particulier.

L'ancien domaine seigneurial de Bourbonne a définitivement cessé d'exister, par suite de morcellements qu'il avait subis depuis 1812, et de son abandon total en 1822. Ces morcellements ont commencé par la cession des bains civils au gouvernement, ils ont fini par celle du château. M. le comte d'Ogny est le dernier qui l'ait possédé en qualité de descendant des anciens seigneurs de Bourbonne.

Il est question, dans nos historiens, de deux autres châteaux forts anciennement situés sur les plateaux d'*Aigremont* et de *Coiffy-le-Haut* qui font aujourd'hui partie du canton dont Bourbonne est le chef-lieu.

L'établissement thermal de Bourbonne est composé des bains civils et de l'hôpital militaire.

On a peu de données sur l'état des anciennes constructions relatives aux bains civils ; nous savons que les seigneurs de Bourbonne étaient depuis plusieurs siècles en possession des sources, et que l'insuffisance des bâtiments destinés à les mettre en rapport avec les besoins du public avait fait contracter aux malades étrangers l'habitude de baigner et doucher dans les maisons particulières, où l'on se procurait l'eau thermale. L'usage de baigner ainsi prévalut, même après la reconstruction des bains civils, entreprise d'abord en 1763, par M. de Chartraire, et presque entièrement renouvelée, vingt ans après, par M. Davaux. Avant l'époque de cette reconstruction, les sources n'étaient couvertes et protégées que par une simple halle.

Il ne reste plus rien aujourd'hui de la reconstruction de M. de Chartraire, si ce n'est le petit bâtiment isolé que l'on voit sur la place des Bains. Sa forme est celle d'un petit temple, que l'on croirait érigé en l'honneur de la prétendue divinité qui présidait aux thermes. L'inscription votive de C. Jatinius avait été encastrée dans un des murs de ce bâtiment, à l'intérieur, un peu au-dessus de la source, sans aucun relief ou signe particulier qui pût servir à la distinguer d'une pierre de construction, car elle était même barbouillée de chaux; mais, à l'occasion des travaux entrepris en 1836, pour l'agrandissement des bains civils, cette inscription si précieuse fut enlevée, sur la demande de mon père, et placée dans une salle attenant au grand salon de l'établissement.

M. Davaux avait fait élever en 1783, sur le réservoir principal affecté spécialement au service intérieur des bains civils, un bâtiment qui fait encore partie de l'établissement actuel ; et les choses en étaient restées là jusqu'en 1812, époque à laquelle l'empereur Napoléon 1er ordonna l'acquisition des bains civils, au profit de l'État. Cette acquisition entraîna pour le gouvernement celle des terrains adjacents, assez considérables, et de propriétés bâties appartenant à divers particuliers.

Le pavillon construit par M. Davaux fut prolongé, du côté du levant, sur un plan parfaitement semblable. On y ajouta quelques dépendances et un logement pour le régisseur de l'établissement; mais ces dispositions laissaient beaucoup à désirer.

L'augmentation toujours croissante du nombre des baigneurs fit sentir la nécessité d'abandonner aux hommes le bâtiment principal en entier, et de construire pour les dames un service entièrement nouveau. Ce projet, qui comprenait aussi la construction de nouvelles piscines et celle du grand salon actuel, ainsi que l'agrandissement du jardin des bains et la régularisation de son périmètre, a été exécuté en 1836 et années suivantes, et la dépense en a été couverte par les produits cumulés de l'établissement, depuis 1818, époque de sa mise en régie.

D'autres améliorations de détail et de service intérieur ont eu lieu depuis, d'année en année, jusque dans ces derniers temps ; mais ces améliorations n'ont pu remédier que d'une manière incomplète à l'insuffisance et aux défectuosités du service actuel, surtout dans la partie vieille du bâtiment, dont la restauration, si désirable et depuis si longtemps promise, est encore attendue.

Les bains civils contiennent, dans cette vieille partie du bâtiment, consacrée au service des hommes, 39 cabinets de bains, 12 cabinets de douches et 1 cabinet d'étuves, établi sur la partie voûtée du récipient de la source.

La partie consacrée aux dames, dont le nombre est toujours moins grand que celui des hommes, contient 29 cabinets de bains et 6 cabinets de douches.

Il y a de plus un service de 2e classe, composé de plusieurs piscines pour hommes et pour femmes ; 4 cabinets de douches sont affectés au service des hommes et 3 à celui des femmes.

Des vestiaires à l'usage des personnes qui ne prennent que la douche, et des chauffoirs pour le linge, sont attachés à ces différents services; mais tout cela est insuffisant, pour ne rien dire de plus.

L'établissement reçoit annuellement 1500 ou 1600 malades étrangers, sur lesquels il faut compter environ 300 indigents admis à l'usage gratuit des eaux.

L'hôpital militaire, fondé en 1732 par Louis XV, fut considérablement agrandi par Louis XVI en 1785, époque à laquelle on y renferma le *bain Patrice,* ou la source de ce nom, dont la concession venait d'être faite à l'État ; il n'a cessé d'être développé et amélioré jusque dans ces derniers temps. Cet hôpital est sans contredit l'un des premiers établissements de ce genre ; il peut contenir environ 500 malades.

Le bassin de Bourbonne est d'un aspect très-pittoresque. Il offre d'agréables buts d'excursion ; et la ville elle-même contient de belles promenades, notamment celle de Montmorency, nom qu'elle a conservé de ses anciens possesseurs ; mais la promenade de prédilection des étrangers est celle du jardin qui entoure l'établissement des bains civils, et dont la distribution est du plus gracieux effet.

Nous terminons ce chapitre par la longue liste des auteurs qui ont écrit sur la ville de Bourbonne, envisagée soit au point de vue de ses eaux minérales et de leurs effets, soit au point de vue de ses origines, de ses antiquités, de sa situation, etc.

1570. HUBERT JACOB, *Traité des admirables vertus des eaux chaudes de Bourbonne-les-Bains en Bassigny, mises en lumière par Hubert Jacob, maître en chirurgie, du lieu d'Anrosey, au voisinage de Bourbonne, dont jusqu'à présent nul n'a écrit.*

1590. JEAN LE BON D'AUTREVILLE (*Heteropolitanus*), *Le bâtiment, érection et fondation des villes et cités assises ès trois Gaules, avec le catalogue d'icelles, plus un traité de la propriété des bains, fluides et fontaines admirables* (article de cet ouvrage, relatif à Bourbonne, p. 176 à 199).

1600. HUBERT JACOB, 2e édition.

1658. THIBAULT, 3e édition, revue et corrigée d'Hubert Jacob. *Petit Traicté des eaux de Bourbonne, par M. N. Thibault (François-Marie), docteur en médecine et doyen de ladite Faculté à Lengres*, etc.

1716. GAUTHIER, architecte ingénieur des ponts et chaussées du Royaume. *Notice sur les travaux de Bourbonne*, publiée dans les mémoires de Trévoux.

1716. NICOLAS JUY. L'ouvrage de ce dernier aurait eu sa première édition (suivant Carrère et d'autres) en 1716, et une seconde en 1728. *Traité des propriétés et vertus des eaux minérales, boues, etc., composé par N. Juy, médecin-chimiste, demeurant à Bourbonne.*

1728. AUTEUR ANONYME. *Avis au public sur les propriétés des eaux de Bourbonne*. Jacques Le Long, trompé par une altération de son titre, est conduit faussement à l'attribuer à Juy. Cette erreur est également répétée dans le catalogue bibliographique de Falconnet.

1731. Lettre de M. Marier, seigneur d'Odival (*Journal de Verdun*, mai 1731, page 328). Cette lettre a pour objet d'établir que les eaux de Bourbonne peuvent être employées utilement dans tous les mois de l'année.

1737. Baudry, médecin des hôpitaux du Roi. *Traité des eaux minérales de Bourbonne-les-Bains.*

1749. René-Charles, intendant des eaux de Bourbonne et professeur en l'Université de Besançon. Son ouvrage est la traduction de six thèses, qu'il a fait soutenir en latin, sous sa présidence : la première par Jean-Claude Collet, imprimée séparément en 1716, et les cinq autres par Antoine Duport, de Bourbonne, imprimées en 1721 et réunies sous un titre commun.

1750. Juvet, conseiller du Roi, médecin de l'hôpital royal et militaire de cette ville, a fait un traité particulier sur le traitement de la fièvre quarte par les eaux de Bourbonne. Il nous reste encore de lui une lettre insérée dans le *Journal de Verdun* (1752), un mémoire inséré dans le *Mercure de France* (1757), une dissertation latine (1774).

1770. Diderot, *Voyage à Bourbonne*, imprimé dans les mémoires et correspondances inédits (3e volume), publié avec des notes de M. Walferdin (1830).

1772. Chevalier, docteur en médecine à Bourbonne-les-Bains, ci-devant chirurgien à l'hôpital royal et militaire de cette ville. *Mémoires et observations sur les effets des eaux de Bourbonne-les-Bains, en Champagne, dans les maladies hystériques et chroniques.* Cet ouvrage, inséré d'abord en deux parties dans le *Journal de médecine* en 1770, imprimé séparément en 1772, est spécialement dirigé contre Pomme, qui, dans son *Traité des Affections vaporeuses des deux sexes,* avait proscrit l'emploi des eaux minérales.

1774. MONGIN MONTROL, médecin de l'hôpital militaire de Bourbonne : *Précis pratique sur les eaux de Bourbonne-les-Bains.* L'ouvrage de ce médecin fut d'abord inséré dans la *Gazette salutaire* en 1774, et deux éditions successives en ont été données, l'une en 1798, et l'autre en 1810. Cet opuscule a reçu, chaque fois, de nouveaux développements, qui le recommandent encore à l'attention des médecins.

1809. MARTIN DE L'AUBEYPIE, auteur d'une lettre familière adressée à M. Gendron, médecin à Vendôme, sur les eaux thermales de Bourbonne-les-Bains, et particulièrement sur l'état de ses établissements thermaux.

1809. BOSC et BÉZU. Ces deux chimistes ont travaillé

de concert à la première analyse des eaux de Bourbonne. Le 1er volume du *Bulletin de pharmacie,* publié en 1809, contient les résultats de cette analyse. Le 2e volume du *Bulletin de pharmacie* contient de plus un article particulier de M. Bézu ; il a pour objet l'exposé de certains faits relatifs aux propriétés des eaux qu'il avait analysées.

1813. Therrin, chirurgien en chef de l'hôpital militaire de Bourbonne, ancien chirurgien en chef de l'artillerie de la garde impériale; auteur d'un mémoire sur les eaux de Bourbonne. Ce mémoire a paru dans les *Bulletins de la Société médicale d'émulation,* publiés en 1813 ; il est suivi d'observations curieuses et dignes d'intérêt sur l'hôpital militaire et son service intérieur.

1822. Petitot, directeur de l'hôpital militaire de Bourbonne : *Notice sur Bourbonne-les-Bains.* Cette notice contient des détails intéressants sur la statistique et l'histoire de cette ville.

1822. Athénas, pharmacien en chef de l'hôpital de Bourbonne les-Bains. Le mémoire de ce savant chimiste sur la composition des eaux thermales de Bourbonne est sans contredit l'un des travaux les plus consciencieux dont leur analyse a été l'objet. Cette analyse est insérée dans le 12ᵉ volume des *Mémoires de médecine, de pharmacie et de chirurgie.*

1826. FODÉRÉ, professeur à la Faculté de Médecine de Strasbourg : *Mémoire sur l'établissement thermal et les eaux de Bourbonne.* Il a été inséré dans le *Journal complémentaire des sciences médicales.*

1826. PRAT et DUCHANOY, *Mémoire sur les eaux thermales de Bourbonne.* M. Prat s'est occupé de la construction et de la bonne distribution d'un établissement thermal.

1826. RENARD (Athanase), *Bourbonne et ses eaux thermales.*

1827. DESFOSSES et ROUMIER. Nouvelle analyse de l'eau thermo-minérale de Bourbonne, publiée dans le *Journal de pharmacie et des sciences accessoires.* (cahier de novembre 1827).

1828. MAGISTEL, chirurgien militaire : *Essai sur Bourbonne et ses eaux thermales.*

1830. F. LE MOLT, médecin inspecteur des eaux de

Bourbonne. *Notice sur Bourbonne et ses eaux thermales.*

1831. Ballard, médecin principal des armées, en chef de l'hôpital de Bourbonne : *Précis sur les eaux thermales de Bourbonne-les-Bains.*

1833. Berger de Xivrey, membre de l'Institut : *Lettre à M. Hase sur les antiquités et l'histoire de Bourbonne.*

1834. Bastien et Chevallier, *Analyse des eaux minérales de Bourbonne.*

1836. M***, membre correspondant de la Société des antiquaires de France. *Notice historique sur la ville de Bourbonne.*

1839. Corbin, aide-major au 29e régiment d'infanterie: *Notice sur les eaux thermales de Bourbonne*, insérée dans les *Mémoires de médecine, de chirurgie et de pharmacie militaires* (t. XLVI, p. 108).

1841. Rodes, chirurgien militaire : *Mémoire sur les eaux thermo-minérales en général et sur celles de Bourbonne en particulier.*

1843. R.-A. Athénas. *Guide général des Baigneurs aux eaux minérales de Bourbonne.*

1844. MAGNIN, médecin inspecteur adjoint : *les Eaux thermales de Bourbonne-les-Bains.*

1850. *Lettre d'un baigneur sur Bourbonne-les-Bains.*

1853. MATHIEU, médecin militaire : *des Eaux de Bourbonne et de leurs propriétés thérapeutiques* (thèse de Paris, 1853).

1853. BEAULIEU, membre de la Société impériale des antiquaires de France, etc., etc. : *Observations sur le mémoire de M Digot, intitulé : Recherches du véritable nom et de l'emplacement de la ville que la table de Peutinger indique sous le nom de Andesina ou Indesina, et assignation à Bourbonne-les Bains de l'édifice thermal, sous le nom qui figure sur la même table.*

1856. VILLARET, médecin principal, à l'hôpital militaire de Bourbonne-les-Bains. Communication sur le traitement des paralysies à Bourbonne-les-Bains (*Bulletin de la Société d'hydrologie médicale*, t. II, p. 91).

1856. RENARD (Athanase), médecin inspecteur des eaux de Bourbonne : *Note sur l'emploi des eaux thermales de Bourbonne dans les cas de paralysies. (Bulletin de la Société d'hydrologie médicale de Paris*, t, II, p. 103).

1857. Bougard, docteur en médecine, à Bourbonne : *les Eaux chlorurées-sodiques thermales de Bourbonne-les-Bains* (thèse de Paris, 1857).

1858. Henri, médecin civil requis à l'hôpital militaire: *Clinique et thérapeutique thermo-minérales. Relation chirurgicale de la division de M. Cabrol, médecin principal en chef pendant la saison de 1857.*

1858. Cabrol et Tamisier. *Eaux thermo-minérales, chlorurées sodiques, de Bourbonne-les-Bains (Haute-Marne);* par M. le Dr Cabrol, médecin principal, en chef de l'hôpital thermal, et le Dr Tamisier, médecin aide-major au même établissement. Extrait des rapports officiels adressés au Conseil de santé des armées et à l'Académie, pendant les années 1855, 56, 57.

Indépendamment des auteurs qui viennent d'être cités et dont les écrits se sont présentés à nous sous différents aspects, comme dignes d'une mention distincte, plusieurs autres savants n'ont pas dédaigné d'accorder à Bourbonne une attention particulière.

Nous avons à citer, parmi les anciens,

Geoffroy et Dufay, qui se sont livrés à l'examen des eaux de cette ville et des causes de leur chaleur ; Venel et Baux, qui les ont étudiées dans leurs rapports avec celles de Balaruc ; Monnet, Buchox, etc. Les travaux qu'ils ont laissés sur Bourbonne ont été déposés, les uns dans les *Mémoires de l'Académie royale des sciences*, dans la *Bibliothèque choisie de médecine*, dans le *Journal des savants;* les autres dans des traités généraux. C'est à cette dernière catégorie que nous devons rapporter les articles consacrés à Bourbonne dans les ouvrages contemporains de MM. Patissier, Constantin James, Mialhe et Figuier, Herpin (de Metz), Durand-Fardel, Rotureau, Pétrequin, Soquet, Félix Roubaud.

Je dois mentionner encore un assez grand nombre d'écrivains dont les savantes recherches ont contribué, plus ou moins directement, à la réunion des principaux documents sur lesquels ont peut fonder l'histoire de Bourbonne et l'interprétation de ses antiquités. Aimoin, qui écrivait sur la fin du IXe siècle ; le Père Vignier, dans sa *Chronique de Langres*, et Adrien de Valois, dans un traité relatif à la connaissance des Gaules ; Gruter, auteur du

Corpus inscriptionum, et Reinesius, son continuateur : le bénédictin don Calmet, dans le traité qu'il a particulièrement consacré aux eaux de Plombières ; l'abbé Bullet, dans son *Dictionnaire des langues celtiques;* Dunod, dans son *Histoire des Séquanais et de l'église de Besançon;* Gilbert des Voisins, membre de l'Académie des inscriptions, sont autant d'écrivains dont les noms ne doivent pas être oubliés parmi ceux qui se sont occupés de Bourbonne, à différents points de vue.

CHAPITRE II.

TOPOGRAPHIE. — GÉOLOGIE. — PROPRIÉTÉS PHYSIQUES ET CHIMIQUES. — ANALYSES DIVERSES.

J'emprunte, en grande partie, les détails topographiques à l'ouvrage déjà ancien (1826), publié par mon père, sur les eaux de Bourbonne-les-Bains.

« Le département de la Haute-Marne est en partie formé de l'ancienne contrée du Bassigny (*tractus Bassignacus*), qui dépendait de la Champagne et de la Lorraine.

« La ligne médiane de cette contrée comprend, dans son trajet plus ou moins régulier, tous les terrains dépendants de la chaîne décrite par Buffon (*Etudes de la nature*) sous le nom de *Montagne de Langres*, tandis que les autres terrains du Bassigny, dominés par elle et susceptibles d'en être isolés, viennent secondairement se rattacher à deux principales divisions, l'une occidentale et septentrionale, l'autre orientale et méridionale. La partie la plus élevée du Bassigny ne l'est pas tellement au-dessus des deux autres, dont elle est accompagnée, que la différence de leur niveau puisse établir entre elles une ligne de démarcation bien distincte, et la même observation doit s'appliquer aux monts dont chacune de ces trois régions est parsemée.

» Ce qu'il y a de plus frappant dans la disposition du sol où se distribuent les régions du Bassigny, c'est, avant tout, son extrême inégalité. Les monts qui s'élèvent de sa surface et les vallons dont il est sillonné plus ou moins profondément, les fréquentes dépressions qu'on y remarque en forme de bassins, et qui ne sont que le résultat de la disposition circulaire des monts, tel est son aspect général et le point de vue sous lequel il est surtout important de l'envisager.

» De là, dans le Bassigny, deux ordres de localités bien distinctes et rigoureusement déterminées ;

» 1° Les plans supérieurs, entièrement découverts, et formant des monts plus ou moins saillants, des plateaux plus ou moins étendus;

» 2° Les plans inférieurs, où se contournent les vallons et les bassins relevés latéralement en coteaux.

» Je dois présenter, comme accessoire à l'ensemble de ces premières considérations, un aperçu de l'état du sol en général, et, si je puis m'exprimer ainsi, de l'espèce de vie dont il est animé. Le premier fait qui résulte de sa position prédominante et de son élévation relativement supérieure à presque tous les points de la France, est que celle-ci subit, dans trois directions, la chute et le courant des eaux qu'il a reçues du ciel, ou puisées dans son propre sein, car elles n'ont pas d'autres sources. On peut les rencontrer, en effet, sur tous les points du territoire français, si l'on en excepte pourtant les régions du sud-ouest, et la petite partie de ce même territoire où s'élèvent les montagnes des Vosges qui semblent répondre au nord-est à la prolongation des monts du Bassigny, de telle sorte que la ligne de l'ouest et celle des Pyrénées sont à peu près les seules où les eaux de cette contrée soient sans débouchés.

» Du reste, on les voit s'écouler du revers

oriental et méridional du Bassigny vers la Méditerranée, par une foule de courants dont la Saône est bientôt grossie dans son trajet, tandis que, par opposition, le revers occidental et septentrional où naissent la Meuse et la Marne, est lui-même arrosé par une infinité d'autres courants qui donnent naissance à ces deux rivières, et dont les tributs nombreux sont réclamés d'un côté par les mers du Nord, et de l'autre par l'Océan. »

Les maladies les plus communes varient suivant les expositions diverses de la contrée. Les habitants des hauteurs sont surtout sujets aux phlegmasies aiguës, aux hémorrhagies, etc.

Dans les vallées, au contraire, on observe principalement la constitution lymphatique ; on y rencontre même l'hypertrophie du corps thyroïde ou le goître (1).

---

(1) Selon M. Bouchardat, qui a étudié et décrit les causes du goître endémique, les terrains sur lesquels on trouve le plus de goîtreux sont les sols dolomitiques gypseux, localisés dans certains endroits. Ils s'y rencontrent en quantités énormes, comparativement aux autres terrains. Elles se sont déposées à diverses époques.

Les minéraux qui composent le sol dolomitique sont le sul-

La pustule maligne, selon M. Virey, serait endémique dans le Bassigny, moins cependant qu'en Bourgogne et dans les régions plus méridionales.

Bourbonne est compris dans le revers oriental et méridional du Bassigny; mais il est aussi très-rapproché du point le plus élevé de cette région qu'il atteint par une partie de son territoire. Il est bâti sur le plateau d'une colline et dans deux vallons adjacents à celle-ci; le vallon du nord est arrosé par la petite rivière d'*Apance*; celui du midi contient les sources thermo-minérales et le ruisseau de *Borne* qui se jette dans l'Apance, après une lieue de trajet.

D'après des observations propres à mon père, l'élévation de la colonne barométrique offre à Paris, toutes circonstances égales d'ailleurs, un excédant de 2 centimètres environ sur Bourbonne, où cette élévation varie généralement de 70 à 79 centimètres. Elle y décroit néanmoins très-rarement jusqu'au terme

---

fate de chaux, le carbonate de chaux, le chlorure de sodium, et le carbonate de magnésie.

de 70 centimètres. Mon père n'a vérifié qu'une fois ce dernier fait, et c'est à l'occasion d'un orage assez violent, qui s'est répété sur plusieurs points de la France en 1821, dans la soirée du 24 décembre.

Le vallon du sud est particulièrement en butte aux effets désastreux du débordement des eaux du ciel, amoncelées par les ouragans. Ce vallon très-étroit les recueille à son origine, et de là les entraîne assez rapidement vers la ville où leur subite affluence a déjà produit plusieurs inondations très-préjudiciables au quartier des bains.

Aucune maladie n'est endémique à Bourbonne. Les influences que nous y avons signalées ne s'y font pas sentir, en général, au même degré d'intensité que dans certaines contrées du Bassigny; elles y sont tempérées par la disposition favorable du bassin dans lequel la ville se trouve placée.

Bourbonne est situé entre les 47e et les 48e degrés de latitude septentrionale, et les 2e et 3e degrés de latitude orientale.

M. Walferdin a constaté que l'établissement

où les eaux sont recueillies est situé à 270 mètres au-dessus du niveau de la mer. Cette hauteur a été déduite d'une année d'observations barométriques et hypsothermométriques faites avec le plus grand soin.

M. Walferdin, qui a étendu également ses savantes recherches à la constitution géologique de notre sol, donne ainsi qu'il suit l'énumération des différentes couches dout il se compose : « On sait, dit-il, que les terrains inférieurs au *lias,* et qui sont désignés sous le nom de *trias,* comprennent trois formations, dont la superposition a été reconnue constante dans toutes les parties où elles ont pu être observées à la surface du globe. Ces formations sont, en partant de la face du sol : 1° Les *marnes irisées* proprement dites ; 2° les puissantes assises calcaires désignées sous le nom de *muschelkalk,* 3° le *grés bigarré.*

» Les eaux thermo-minérales de Bourbonne viennent à jour, dans la partie moyenne du *trias,* en traversant le *grès bigarré,* et en affleurant le *muschelkalk* qui, à Bourbonne, a subi de nombreux étoilements. Ce calcaire est recouvert par les marnes irisées (Keuper) qui forment les collines les plus élevées des environs de Bourbonne et sont couronnées par le *grès* du *lias*, et sur quelques points, par le *lias* lui-même. »

M. Walferdin est également arrivé à des appréciations très-intéressantes sur la profondeur de la nappe d'eau, d'où jaillissent les sources thermo-minérales de Bourbonne. La *Revue d'hydrologie médicale* a donné sur ce point de la science un aperçu des idées de M. Walferdin, communiqué par lui-même à M. Cabrol.

Déjà M. Arago avait dit avec assurance que de la température des sources devait sortir l'indication de leur profondeur; mais il le disait à une époque où la loi d'accroissement de la température dans l'intérieur de la terre, en raison de la profondeur, n'avait pas encore été soumise à des calculs rigoureux. L'imperfection des moyens d'expérimentation laissait, en effet, subsister, sur cette partie de la science, une grande incertitude.

« Ce n'est, dit M. Cabrol, qu'après que M. Walferdin eut imaginé divers systèmes d'instruments thermométriques qui permettent de rapporter rigoureusement l'indication de la température des diverses profondeurs où ils sont mis en expérience, que cette incertitude a pu cesser entièrement.

» Les observations faites à Grenelle, avec ces nouveaux instruments, à partir de 400 mètres, par Arago, Dulong, et M. Walferdin, et celles que ce dernier a renouvelées depuis, à différentes profondeurs considérables, dans les forages de *Saint-André*, de *Mondorf* et du *Creuzot*, ont fourni des résultats assez précis et assez concordants, pour qu'il lui fût possible de proposer une classification naturelle des sources minérales, en quelque sorte *thermo-géognostique*, où le rapport entre la température et les profondeurs des terrains traversés se lie intimement.

» Ainsi, partant de ce fait, que, dans l'intérieur de la terre, l'indication de la température nous conduit à celle de la profondeur, M. Walferdin rappelle d'une part :

» 1° Que les eaux qui coulent de la surface du sol, provenant des terrains les plus élevés, ont le plus souvent une température inférieure à la température *moyenne* ;

» 2° Que, d'autre part, il est une profondeur qui nous indique, pour chaque contrée, la température *moyenne* du sol, d'une manière suffisamment approchée, puisque cette indication est souvent aussi précise que celles que nous fournuissent les observations continues, faites directement dans l'atmosphère ;

» 3° Qu'au-dessous de la zone correspondant à la température *moyenne* du sol, la chaleur croît, dans l'intérieur de la terre, d'un degré par 31 ou 32 mètres de profondeur.

« M. Walferdin propose, comme base d'une classification primordiale et naturelle des eaux minérales, trois grands embranchements qui servent de guide pour la recherche de leurs principes minéralisateurs, et dans lesquelles les eaux viennent ensuite prendre rang suivant ces principes, d'après la classification de M. Durand-Fardel, par exemple :

» Le premier embranchement comprend les eaux *thermo-minérales* proprement dites, qui viennent à jour à une température *supérieure* à la température *moyenne* du sol.

» Le deuxième, les *méso-thermo-minérales,* qui ont une température *sensiblement égale* à la température *moyenne* du sol et à celle de l couche terrestre qui y correspond.

» Le troisième, les eaux *hypo-thermo-minérales,* qui sont en petit nombre, et dont la température est *inférieure* à la température *moyenne*.

« Ainsi, en général, les *eaux thermo-minérales,* de quelque profondeur qu'elles proviennent, peuvent emprunter leurs principes minéralisateurs aux terrains situés au-dessus ou au-dessous de la couche de température *moyenne,* tandis que les eaux *méso-thermo-minérales* appartiennent exclusivement aux terrains qui nous indiquent la température *moyenne,* et aux terrains supérieurs, et que les eaux *hypo-thermo-minérales,* qui descendent des points très-élevés, ne peuvent provenir que des couches supérieures à celles de la température *moyenne*.

» Il est évident que cette classification naturelle ne s'applique qu'aux sources provenant de terrains à leur état normal, où des circonstances locales, telles que les phénomènes volcaniques, l'intervention des causes chimiques ou électriques, et le contact des roches éruptives, n'apportent pas de perturbation. »

D'après les expériences faites par M. Walferdin dans les forages déjà cités, à la profondeur de 500 à 600 mètres, la température croît de 1 degré centésimal par 31 ou 32 mètres, jusqu'à près de 600 *mètres*.

Il suit d'expériences qu'il a faites depuis, jusqu'à près de 900 mètres, et qui ne sont pas encore publiées, que la profondeur correspondant à un accroissement de température d'un degré centésimal, ne serait plus que de 27 mètres.

C'est à cette limite que se bornent les observations faites jusqu'à présent à la plus grande profondeur que les instruments ont pu atteindre.

Ainsi, entre la profondeur de la surface du sol à 500 ou à 600 mètres, et celle de 600 à 900 mètres, on constate une différence de 5 mètres de profondeur par degré centésimal.

Si maintenant on passe de l'observation à l'induction probable qui en résulte, on peut admettre que cette différence des 5 mètres par

1 degré centésimal, observée de 600 à 900 mètres, s'applique également de 900 jusqu'à 1500 mètres, et que l'accroissement serait par conséquent de 1 degré pour 22 mètres seulement.

D'après ces données, M. Walferdin pense que la nappe d'où jaillissent les sources thermo-minérales de Bourbonne ne dépasserait pas 1300 à 1400 mètres, profondeur que les procédés actuels de sondage permette d'atteindre désormais.

Deux sources principales dépendent des bains civils ; la *Fontaine-Chaude,* autrefois désignée aussi sous le nom de *Matrelle,* et *le Puisard.* Une troisième est affectée au service de l'hôpital militaire : celle-ci est un peu moins chaude, mais de même nature que celle des bains civils.

Les sources des bains civils fournissaient, en moyenne, de 160 à 180 mètres cubes dans les vingt-quatre heures ; mais depuis les forages exécutés sous la haute direction de M. Drouot, ingénieur en chef des mines, le débit de ces sources a presque doublé. Des résultats non moins favorables paraissent avoir été obtenus à l'hôpital militaire.

Les propriétés physiques qui résultent de la combinaison des principes contenus dans l'eau de Bourbonne, et qui sont susceptibles de se révéler à nos sens extérieurs, ont été successivement rapportés par M. Athénas, pharmacien en chef de l'hôpital militaire, à celles que le goût, la vue et l'odorat, peuvent nous transmettre ; il les apprécie ainsi qu'il suit : L'eau de Bourbonne est d'une transparence parfaite. Cette transparence est la même après que l'eau s'est refroidie, et se conserve encore longtemps. Cette eau, gardée pendant six mois dans des flacons bien nets et bien bouchés, y est restée claire et limpide, ce qui prouve qu'elle ne contient aucunes substances en suspension, que celles qui entrent dans sa composition sont parfaitement dissoutes, et que s'il s'opère des réactions entre ces substances, les changements qui peuvent en résulter sont inappréciables à la vue et au goût.

La saveur de l'eau de Bourbonne indique assez la présence de l'hydrochlorate de soude. On y distingue une certaine amertume et qui laisse après elle un goût fade. Ces diverses impressions, et sutout la fadeur, y sont plus prononcées quand l'eau est froide.

Son odeur est légèrement nidoreuse ; on y reconnaît moins ce caractère à mesure que l'eau se refroidit. Cette odeur a fait penser généralement que l'eau de Bourbonne était de nature sulfureuse. Les anciens auteurs, et M. Athénas lui-même, ont cru longtemps qu'elle y était produite par du gaz hydrogène sulfuré ; mais tous les essais qu'il a tentés pour y démêler ce dernier gaz ont été infructueux et l'ont entièrement détrompé. Le principe, agent de l'impression que l'eau de Bourbonne transmet à l'odorat, paraît, suivant lui, se rapprocher de la nature de l'effluve.

Je dois noter aussi l'espèce d'impression que l'eau de Bourbonne exerce et produit sur le sens du toucher. La première sensation qu'elle procure est celle d'une eau très-douce et même onctueuse : elle a pour effet consécutif de faire contracter à la peau une sorte de rigidité très-remarquable et qui paraît même en diminuer momentanément la souplesse et la sensibilité.

Sa pesanteur spécifique est à celle de l'eau dans le rapport 1006,5 à 1000. Elle a présenté cette pesanteur à M. Athénas, après avoir été rabaissée au degré de la température ambiante qui présentait alors au thermomètre centigrade 17°,5.

La température des sources thermales de Bourbonne a été observée avec le plus grand soin par M. Athénas, à l'époque même où il s'occupait de leur analyse. Il a exprimé ainsi qu'il suit le résultat de ses observations, qui datent de 1822 :

La fontaine chaude........	58° 75	centigr.
Le puisard...............	57 50	—
Source de l'hôpital militaire.	50 00	—

Ces températures n'ont jamais varié sensiblement, et les différents états météorologiques ne paraissent pas influer sur elles. Mon père a cependant observé que depuis la construction d'un nouveau récipient, construction nécessitée par la découverte d'une filtration considérable entre les deux sources, il y a eu quelques oscillations remarquables dans leur température.

La nouvelle issue donnée à l'eau thermale

par la construction de ce récipient, dans lequel elle arrivait mêlée à une notable quantité d'eau commune, a eu pour effet d'augmenter d'abord un peu la température des deux sources, et ensuite de les équilibrer.

Ainsi, dans les premiers moments, le puisard marquait 58° centigrades, et la fontaine chaude 60°, et, peu de temps après, ces températures étaient ramenées, dans chacune des deux sources, à la moyenne de 59°,50. Cet état de choses s'est maintenu assez régulièrement jusqu'en 1853, époque à laquelle le canal de décharge du puisard a été abaissé de manière à établir, entre son niveau et celui de la fontaine, une différence de 19 à 20 centimètres à l'avantage de celle-ci. Depuis ce temps, la température du puisard a été constamment inférieure à celle de la fontaine, et c'est ici le lieu de remarquer que plus les eaux sont élevées dans nos récipients, plus la température s'y élève aussi en s'y concentrant par le fait de son accumulation même. Mais si la température du puisard a diminué par l'abaissement de son canal de décharge, il n'y a rien là de regrettable et de fâcheux. Ce qu'on perd en chaleur, on le gagne en sûreté. Les causes de refoulement sont moins à craindre, et la température de nos sources est toujours au-dessus des besoins.

Des expériences faites par mon père, en février 1857, ont donné les résultats suivants :

Puisard	54° centigr.
Fontaine chaude	58° 50 centigr.

Les forages en cours d'exécution depuis deux ans ont modifié aussi, d'une manière sensible, la température des sources. Il est à remarquer que l'eau provenant de ces forages est la plus chaude. Elle s'est élevée jusqu'à 66° centigrades. Voici les résultats obtenus le 29 avril dernier :

	Au fond.	A la superficie.
Puisard	56°,75	55° 6/10
Fontaine chaude	48, 50	45
Forage du jardin	65, 00	60

La composition de l'eau thermo-minérale de Bourbonne a été l'objet d'un grand nombre d'expériences et de recherches. Nous allons donner, par rang d'ancienneté, les différentes analyses faites sur les eaux de Bourbonne depuis l'année 1809 jusqu'à 1848. Les résultats de ces analyses se rapportent à un litre d'eau.

1re *analyse*. — Bosc et Bézu, 1809.

Hydrochlorate de soude	5 gr. 390 milligr.
— de chaux	0, 950 —
Sulfate de chaux	0, 960 —
Carbonate de chaux	0, 100 —
Substance extractive	0, 050 —
Perte	0, 610 —
Total	8 gr. 060 milligr.

2e *analyse*. — Athénas, 1822.

Hydrochlorate de soude	4 gr. 765 milligr.
— de chaux	0, 810 —
— de magnésie	0, 139 —
Sulfate de chaux	1, 027 —
Sulfate de magnésie	0, 357 —
Carbonate de fer	0, 031 —
Perte	0, 026 —
Total	7 gr. 155 milligr.

3e *analyse*. — Desfosses et Roumier, 1827. C'est dans cette analyse qu'on découvre pour la première fois la présence du brome.

Hydrochlorate de soude	5 gr. 352 milligr.
Chlorure de sodium	0, 081 —
Sous-carbonate de chaux	0, 158 —
Sulfate de chaux	0, 721 —
Bromure de potassium	0, 069 —
Total	6 gr. 381 milligr.

4e *analyse.* — **MM. Bastien, pharmacien à Bourbonne, et Chevallier, professeur à l'École de Pharmacie de Paris, 1834.**

Bromure alcalin	0 gr.	030	milligr.
Chlorure de sodium	6,	005	—
— de calcium	0,	740	—
Carbonate de chaux	0,	785	—
Sulfate de chaux	0,	287	—
Perte	0,	155	—
Total	8 gr.	000	milligr.

5e *analyse.* — **MM. Mialhe, professeur agrégé à la Faculté de Médecine de Paris, et Figuier, professeur agrégé à l'École de Pharmacie, 1848.**

	Fontaine chaude.	Puisard.
Chlorure de sodium	5 gr. 783 milligr.	5 gr. 771 milligr.
— de magnésium	0, 392 —	0, 381 —
Carbonate de chaux	0, 108 —	0, 098 —
Sulfate de chaux	0, 899 —	0, 879 —
— de potasse	0, 149 —	0, 129 —
Bromure de sodium	0, 065 —	0, 064 —
Silicate de soude	0, 120 —	0, 120 —
Alumine	0, 130 —	0, 029 —
Totaux	7 gr. 646 milligr.	7 gr. 471 millig

La moyenne en poids des principes fixes exprimés par ces analyses est de 7 grammes 430 milligrammes.

Il résulte d'expériences faites dans le cours de ces dernières années, par M. Chevallier, que les eaux de Bourbonne sont arséniatées.

La présence de l'iode y paraissait d'autant plus probable que M. Garreau, chargé, comme pharmacien en chef, du service de l'hôpital militaire en 1852, l'avait déjà constatée dans les boues de Bourbonne. Cette probabilité est aujourd'hui convertie en certitude. M. Ossian Henri, membre de l'Académie impériale de Médecine, et l'un de nos chimistes les plus distingués, a découvert, en effet, l'iode dans les eaux de Bourbonne elles-mêmes; mais la quantité proportionnelle de ce nouvel agent n'a pu être dosée, pas plus que celle de l'arsenic.

Indépendamment des principes fixes, il y a aussi dans l'eau thermale de Bourbonne des principes volatils ou gazeux qui ne font que la traverser, sans contracter aucun mélange avec elle. D'après M. Athénas, 100 parties en volume contiennent 18 parties d'acide carbonique, 4 parties 50 d'oxygène et 77,50 d'azote.

MM. Bastien et Chevallier n'y ont reconnu que de l'azote, qu'ils considèrent comme pur. Ils ont rencontré, en outre, dans le sédiment vaseux du puisard, une matière glaireuse, qu'ils crurent pouvoir assimiler à celle dont l'existence a été signalée, dans quelques eaux minérales, sous le nom de *glairine* ou *barégine*.

Cette même matière, que les anciens chimistes appelaient *bitumineuse*, a été considérée comme *gélatineuse* par Vauquelin qui a donné ainsi qu'il suit l'analyse des boues de Bourbonne :

Matières animales et végétales.	15 gr.	40	centigr.
Silice	64,	40	—
Fer oxidé	5,	80	—
Chaux	6,	20	—
Magnésie	1,	00	—
Alumine	2,	20	—
Perte	5,	00	—
Total	100 gr.	00	centigr.

CHAPITRE III.

PROPRIÉTÉS MÉDICALES DES EAUX DE BOURBONNE, ET MODE DE LEUR ADMINISTRATION. — ÉNUMÉRATION DES DIFFÉRENTES CLASSES DE MALADIES, AU TRAITEMENT DESQUELLES ELLES SONT APPLICABLES. — FORMES ET CONDITIONS DE CE TRAITEMENT. — RÉSULTATS STATISTIQUES.

Il serait difficile, même avec la plus parfaite connaissance de la composition d'une eau minérale, de se rendre compte *a priori* des effets qu'elle est susceptible de produire. Aussi est-il vrai de dire que l'expérience a devancé ici la théorie, et que celle-ci, tout éclairée et rationnelle qu'elle pût être, ne pourrait suppléer entièrement l'habitude pratique. Des circonstances heureuses pour moi, m'ayant permis de concourir au service de l'hôpital militaire, en qualité d'aide-major requis, et de prendre part, sous la direction de mon père, à la visite de ses malades, j'ai été en position d'observer par moi-même l'action des eaux de Bourbonne ; et, si je ne puis dès aujourd'hui présenter un travail aussi achevé que je l'aurais désiré, j'espère, avec le temps et dans un cadre plus étendu, pouvoir y apporter tous les compléments nécessaires.

Ce que je me suis proposé aujourd'hui, c'est de recueillir et de coordonner succinctement les données les plus généralement admises et les traditions consacrées dans la pratique de Bourbonne.

Les propriétés médicales de nos eaux, considérées à un point de vue général, peuvent être résumées ainsi qu'il suit :

Les eaux de Bourbonne sont *toniques;* et cette propriété qui s'explique par leur composition même, les rend particulièrement très-efficaces dans le traitement des affections de nature lymphatique ou scrofuleuse et de toutes celles qui sont compliquées de cette disposition. Il est peu de malades qui, après en avoir fait usage un certain temps, ne portent les apparences d'une santé générale et d'une carnation meilleures.

Elles sont *stimulantes*, en raison composée de leur principes constitutifs et du calorique dont elles sont pénétrées. Elles excitent le mouvement vital, et concourent d'une manière puissante au rétablissement de l'équilibre des fonctions. C'est une propriété qui leur est commune avec un grand nombre d'autres eaux thermales, et qui sert à expliquer leur action résolutive, éliminatrice et dépurative. On remarque, en effet, qu'elles agissent profondément sur l'organisme, aussi bien sur les fluides que sur les solides du corps humain, tellement qu'elles ne tardent pas à réveiller les douleurs anciennes, et pour ainsi dire endormies, si le principe n'en est pas détruit. Cet effet se remarque particulièrement dans les différentes formes des affections rhumatismales; et, tout fâcheux qu'il soit en apparence, il annonce presque toujours un travail favorable, à la condition pourtant que l'espèce de surexcitation dont il est accompagné soit surveillée et maintenue dans de justes limites.

Les eaux de Bourbonne ont encore été, dans le langage de la médecine humorale, réputées *fondantes* et *désobstruantes*. Il y a malheureusement peu de médications de cette espèce dans lesquelles on puisse avoir une confiance assurée. Si néanmoins de semblables propriétés peuvent être trouvées dans nos eaux, c'est à la présence du brome et de l'iode qu'on serait fondé particulièrement à les attribuer.

Quant à la propriété purgative qu'on leur accorde, elle est loin d'être constante. Il suffit *qu'elles passent bien,* comme on le dit dans un langage traditionnel, c'est-à-dire que si la liberté du ventre n'est pas favorisée par leur usage, elle ne soit pas du moins entravée. Leur effet purgatif étant dû à une sorte d'irritation, il y a lieu d'en suspendre l'administration à l'intérieur, dès que cet effet se manifeste ; et s'il arrive qu'elles constipent, on remédie à cette disposition par des moyens accessoires, et notamment par l'emploi des pilules aloétiques. On a remarqué que plus on les prenait froides, plus leur action purgative était susceptible de se déceler.

Les eaux de Bourbonne ont une propriété détersive extrêmement remarquable dans le traitement des ulcères atoniques et surtout des ulcères scrofuleux, mais une partie de ces bons effets doit être attribuée à leur action générale sur l'économie.

J'ai été moi-même en position d'observer à l'hôpital militaire, où j'exerçais en qualité de médecin-major requis, un cas merveilleux de cicatrisation; c'était un vaste ulcère syphilitique, traité depuis dix-huit mois, à l'hôpital militaire de Strasbourg, par une foule de moyens, mais sans aucun succès. Je vais citer sommairement les diverses phases de la maladie, dont j'ai pu me procurer l'observation, grâce à l'obligeance de M. Tamisier, médecin aide-major attaché à la statistique de cet hôpital. Cette observation se rapporte à l'année 1853.

M***, tambour au 28e régiment de ligne, 28 ans, tempérament lymphatique, constitution profondément altérée, est atteint depuis dix-huit mois d'un vaste ulcère serpigineux, consécutif à un bubon suppuré, couvrant les deux tiers inférieurs gauche de l'abdomen et les parties antérieures, supérieures et internes, de la cuisse du même côté; s'étendant à droite vers l'épine iliaque antéro-supérieure, et en bas vers la racine de la verge et du scrotum.

Cet ulcère présente des ilots de cicatrices qui s'ulcèrent de nouveau, disparaissent et se reforment à côté.

Des cicatrices du pli de l'aine s'opposent à l'extension complète de la cuisse, qui reste continuellement dans sa flexion forcée. La marche en est consécutivement rendue difficile, et le malade garde le lit.

Il serait trop long de rapporter ici tous les traitements internes et externes auxquels ce malade a été inutilement soumis avant son arrivée à Bourbonne ; qu'il suffise de savoir que les mercuriaux, les iodures, les toniques, les diverses cautérisations, ont été successivement et à plusieurs reprises essayés et toujours en vain.

Ce malade arrive à Bourbonne le 15 mai 1853, et tout aussitôt il est soumis au traitement thermal sous toutes les formes ; d'abord avec ménagement. Il prend en tout 44 bains et 44 douches (il commença à les recevoir avec l'arrosoir, et à travers un linge fin), 164 verres d'eau en boissons, et du vin chalybé, à l'intérieur, tous les matins. A son départ, à la fin de la saison, vers le 15 juillet, l'amélioration qui avait toujours été en progression, était arrivée jusqu'à guérison complète, les ulcères guéris, et l'extension complète des cuisses permettant la marche sans aucune gêne et sans appui.

On administre les eaux à la dose d'un grand verre, et plus ordinairement de deux à quatre au plus, ce qui revient, en raison de leur contenance, à un litre environ. Il est d'usage de mettre entre chaque verre un quart d'heure d'intervalle au moins, et de les boire aussi chaudes que possible. Leur saveur n'a rien de bien désagréable; elle est celle du bouillon de veau un peu trop salé. On trouve des malades qui, loin d'y répugner, en boivent avec plaisir et seraient tentés d'en abuser. La limpidité cristalline de ces eaux qui sont parfaitement incolores, les rend appétissantes. Elles passent souvent par les urines avec une grande rapidité. Il est certain qu'on peut en supporter des ingestions très-abondantes, et poussées bien au delà des prescriptions ordinaires du médecin. Mon père a vu un malade à qui il avait prescrit un litre en trois verres, avaler cinq fois cette dose en quinze verres, dans l'intervalle d'une heure, en lui soutenant *qu'il avait trouvé son degré*. Ce malade a continué à boire ainsi pendant quinze jours. C'était un homme jeune et fort; et comme il avait besoin d'une forte dépuration, car il avait eu plusieurs maladies vénériennes et subi de nombreux traitements mercuriels, mon père n'a pas protesté beaucoup contre cette apparente témérité. L'effet produit consistait dans une augmentation notable des évacations ordinaires, urines, selles et sueurs, et dans un *appétit d'enfer*, suivant l'expression du malade. Ce n'est pas cependant un exemple à suivre; et en le citant, mon père a seulement voulu donner une idée de la facilité avec laquelle les eaux de Bourbonne peuvent être digérées.

Un fait que mon père a eu lieu d'observer plus d'une fois, et qui lui a paru constant, c'est que dans cette anomalie particulière de l'appétit qui se manifesté par une répugnance absolue pour la viande et le régime gras, l'eau de Bourbonne n'est pas tolérée en boissons. Cette opinion semblerait venir à l'appui de celle de Vauquelin, qui a signalé l'existence d'un principe gélatineux dans nos eaux thermales. On pourrait supposer que ce principe serait ici le véritable sujet des répugnances de l'estomac.

La durée des bains varie d'une demi-heure à une heure au plus ; il est généralement recommandé de les prendre au degré de l'indifférence, ni froids, ni chauds, dans leurs rapports avec la sensibilité des malades. La tradition n'a pas consacré à Bourbonne le genre de médication fondé sur les alternatives de chaud et de froid et sur les transpirations forcées.

La douche et une des formes les plus efficaces de l'administration des eaux de Bourbonne. Elle est donnée dans les conditions suivantes : le malade est étendu sur un lit de sangle plus ou moins élevé au-dessus du sol, et dont la partie supérieure et correspondant à la tête du malade est mobile et peut se relever aussi plus ou moins. On recommande le plus parfait relâchement du corps et des muscles dans les différentes positions à prendre, suivant les parties qui doivent être douchées ; c'est une des conditions la plus essentielles des bons effets de la douche, et ce principe n'est peut-être observé nulle part aussi bien que dans notre établissement. La douche ainsi donnée, c'est-à-dire administrée dans les conditions d'un parfait relâchement des tissus musculaires, agit sur eux comme un véritable message et les pénètre profondément, tandis que dans des conditions différentes elle n'agit que très-superficiellement. L'intervention d'un doucheur est donc absolument nécessaire. Ce doucheur, placé au-dessus du malade, est chargé du règlement de la température, et du jet; il a sous la main deux robinets, l'un d'eau thermale au degré que la source peut rendre, et l'autre d'eau thermale plus ou moins refroidie. Chacun de ces courants aboutit à un canal commun dont le prolongement est en cuir, et par conséquent mobile. Ce prolongement est lui-même terminé par un ajutage en cuivre, auquel on peut visser des tubes de différents diamètres, simples ou en arrosoirs plus ou moins divisés.

On tient, comme pour le bain, à ce que le malade soit douché dans les conditions d'une température qui lui soit agréable, et jamais trop chaude surtout. La durée de la douche est de dix à douze minutes; elle est quelquefois prolongée jusqu'à trente minutes.

Il est d'usage de prendre quelques bains avant de commencer la douche, et ces deux exercices sont ensuite combinés le plus ordinairement : la douche alors est prise immédiatement après le bain. Cette pratique est traditionnelle, et considérée à Bourbonne comme la meilleure, attendu que la douche est un moyen plus excitant, plus actif que celui du bain, une sorte de *crescendo*. Dans quelques établissements, l'usage est inverse. Il y a peut-être à cela des raisons d'économie, particulièrement dans ceux où l'eau de la douche est utilisée pour le bain ; mais cette considération n'a rien de médical. Autant le bain est une préparation favorable, un accessoire utile à l'action de la douche, autant il serait à craindre que cette même action ne fût amortie et neutralisée par un bain dont elle serait suivie. On recommande seulement les précautions nécessaires, pour ne pas se laisser refroidir soit après le bain, soit après la douche ; et d'après les prescriptions des médecins, les malades ont l'habitude d'aller se remettre au lit pendant une heure ou une demi-heure au moins. La douche *descendante* est la plus employée ; mais il existe aussi à Bourbonne des appareils de douche *latérale ;* et celle-ci est recommandée, quand l'état particulier du malade exige qu'il soit assis. Notons encore un service de douche *ascendante*, utile dans certains cas de paresse intestinale ou de paralysie des organes du bas-ventre.

Il y a un cabinet d'*étuve*, dans l'établissement; mais cette forme de l'emploi des eaux de Bourbonne a été, jusqu'à présent, peu en usage.

Un traitement se compose ordinairement de deux saisons, séparées par un espace de temps plus ou moins long, rarement aussi long qu'on pourrait le désirer en raison de l'impatience des malades. La durée ordinaire des saisons est de vingt et un jours. On continue quelquefois le traitement sans interruption, jusqu'à trente jours, quand le malade ne peut prendre qu'une saison, et quand l'effet des eaux sur lui ne paraît ni fatigant ni surexcitant ; mais il est généralement mieux d'observer, avant ce terme, un temps de repos. La seconde saison n'est assez souvent que de douze, quinze ou dix-huit jours, en raison de l'état du malade ; il est rare qu'on en prenne trois.

Le genre de maladies qu'on reçoit à Bourbonne est généralement compatible avec les conditions ordinaires du régime ; et les médecins ne sont point armés de prescriptions très-sévères à ce sujet. Nos malades ont ordinairement un très bon appétit que le sel de nos eaux, que le bon air du pays, peut-être aussi, développent; et ce que les médecins se bornent à demander, c'est qu'on n'abuse pas de cette disposition, même quand elle est heureuse.

« Ni la tradition, ni le raisonnement, dit mon père, n'ont consacré à Bourbonne cet appareil de précautions, de mesures coercitives et disciplinaires que la prudence a commandées sans doute ailleurs. Nous pensons que des précautions trop minutieuses de régime ont souvent des inconvénients graves à côté de quelques avantages momentanés plus imaginaires que réels. Il ne faut pas oublier que les corps, à moins qu'on ne les ensevelisse dans du coton, sont nécessairement soumis aux vicissitudes ordinaires de la température ambiante, à toutes sortes d'influences inévitables; et dès lors il est sage de ne pas trop les éloigner des habitudes dans lesquelles ils sont capables d'y résister. Un malade n'est pas une chose dont la médecine ait le droit de s'emparer comme d'une machine à diriger perpétuellement ; c'est un homme, un être raisonnable, auquel le médecin doit des conseils, et qu'il doit supposer aussi, toute réserve faite des exceptions, digne de les entendre et capable de les suivre. Il faut donc laisser à chacun la part de responsabilité qui lui revient. Le malade a aussi des devoirs envers lui-même, et, dans la plupart des cas, celui du médecin n'est pas tant de le contraindre à les remplir que de les lui rappeler.

» L'action des eaux tient non-seulement à leur composition, mais encore au mode de leur administration plus ou moins consacrée par l'usage et les traditions, qu'il ne faut pas trop se hâter de détruire ou de sacrifier à l'esprit d'innovation. Ce qui ne convient pas dans un cas peut convenir dans d'autres, et nous ne devons pas oublier, relativement au genre d'affections si compliquées, si difficiles à caractériser, dont la guérison est abandonnée à l'action souvent occulte des eaux, que les résultats obtenus sont quelquefois un sujet d'étonnement pour les plus grands médecins. Ne supprimons pas cette loterie. »

A côté des propriétés spéciales ou du mode d'action qui distingue en particulier chacune des eaux thermo-minérales, il y a sans doute entre elles de nombreux rapports, au point de vue de leur action générale ; mais ce point de vue, tout vrai qu'il puisse être à l'égard des eaux d'une même classe, ne saurait autoriser à les confondre entièrement dans la pratique.

« La plupart des eaux minérales, dit M. Durand-Fardel (*Académie impériale de Médecine, séance du* 2 *mars* 1851), sont caractérisées par la prédominance tres-formelle d'un principe chimique et thérapeutique qui sert à les rapprocher et à les classer. La considération de ce principe prédominant préside à une partie des indications qu'elles doivent remplir.

» Mais, dans la plupart des cas, le cercle des indications s'étend bien au delà de ce qui pourrait le rattacher à cette simple considération, soit comme puissance d'action, soit comme sujet d'application.

» C'est-à-dire que la plupart des eaux minérales non-seulement possèdent une activité thérapeutique plus considérable que celle attribuée au principe qui les caractérise, mais offrent encore une série d'indications auxquelles ce même principe, pris isolément, serait parfaitement étranger.

» Il faut donc, en un mot, si l'on veut se faire une juste idée du médicament qui constitue une eau minérale, l'envisager, sans pour cela faire abstraction des principes chimiques qui le composent, comme un médicament à part dont les propriétés sont dues, moins à tel ou tel des principes qui s'y rencontre, qu'au tout constitué par leur ensemble. »

Je passe maintenant à l'énumération des différentes classes de maladies, au traitement desquelles les eaux de Bourbonne sont applicables, et je suivrai ici la classification établie par mon père, qui les divise en douze groupes principaux. Il est bon de rappeler, avant tout, que les eaux de Bourbonne sont généralement contre-indiquées dans les différentes phases de l'état aigu, et qu'elles ne sont administrées que dans les conditions de l'état chronique plus ou moins caractérisé.

1re SÉRIE.

Rhumatisme musculaire, névralgies.

L'action favorable des eaux de Bourbonne, dans le traitement des affections de cette espèce, est depuis longtemps établie sur des faits irrécusables, et que nous sommes tous les jours en position d'observer. Les bains et les douches sont particulièrement indiqués ici. L'usage intérieur de l'eau thermale est subordonné à l'état particulier du malade et aux circonstances de son tempérament.

J'emprunte ici à la pratique de mon père deux cas de névralgies graves et opiniâtres, et qui ont cédé à l'action des eaux de Bourbonne, après avoir résisté à tous les moyens ordinaires de la médecine.

M. S....., 47 ans, tempérament nerveux, constitution forte ; ancien inspecteur des forêts, résidant à Paris.

Douleurs coxales du côté droit, datant de plus de six années, et souvent très-intenses ; autres douleurs alternant d'un genou à l'autre, et datant à peu près de la même époque, affectant depuis dix mois, les unes comme les autres, une périodicité régulière, c'est-à-dire qu'elles se renouvelaient tous les dix jours, en occupant à la fois la hanche droite et l'un des deux genoux seulement, qui devenait alors le siége d'un gonflement très-sensible. Lors de l'arrivée du malade, elles se reproduisaient dans le genou gauche, après avoir occupé d'abord le droit.

Usage des eaux depuis le 14 juin 1853 au 28 juillet suivant, en bains, douches et boissons d'eau thermales; emploi concurrent du sulfate de quinine, à forte dose et à trois reprises différentes, la veille du jour marqué pour le retour des accès. Ce malade n'avait rien obtenu, dans le cours du traitement, qu'un peu de diminution dans l'intensité de ceux-ci qui se renouvelaient néanmoins aux mêmes intervalles de temps; mais deux mois après le retour du malade à Paris, disparition entière des douleurs de la hanche et du genou. Celui ci continuait toutefois de présenter des traces de gonflement, tous les dix jours. C'est dans cet état que le malade est revenu aux eaux, l'année suivante, entièrement guéri des ses douleurs, et ne conservant plus de son affection primitive que le gonflement périodique dont il vient d'être question, et qui a persisté.

Mme R ..., 39 ans, bien réglée, tempérament sanguin nerveux, constitution forte

Névralgie faciale très-intense, et se renouvelant plusieurs fois dans la journée, par crises de quelques minutes, surtout dans les mouvements de la parole et de la mastication; la simple déglutition du liquide suffit même pour les amener quelquefois. Cette affection qui s'est développée sans cause connue, date de dix mois environ; la malade a été atteinte, six mois auparavant, d'un rhumatisme articulaire général aigu, très-douloureux, qui a duré trois ou quatre mois.

Bains coupés, douches adressées à la face. Une première saison, depuis le 21 juillet 1853 au 10 août suivant; reprise du traitement, depuis le 1er juillet au 14 septembre de la même année.

Aucun changement d'état au départ, bien que la malade ait paru quelquefois soulagée dans le cours du traitement.

Renseignements obtenus en septembre 1844 : guérison confirmée. Ce résultat s'est produit quelques semaines après le traitement de 1853.

2e SÉRIE.

Rhumatisme articulaire.

Les eaux de Bourbonne agissent également sous toutes les formes de leur administration, d'une manière très-favorable, dans un grand nombre de cas de cette espèce, surtout quand ils sont compliqués d'une disposition lymphatique ; elles réussissent moins dans la forme goutteuse de cette affection, particulièrement lorsque celle-ci se lie à des circonstances d'état aigu susceptible de se renouveler, l'action excitante des eaux de Bourbonne pouvant exposer le malade à des retours plus ou moins fâcheux de cet état. C'est par cette raison qu'elles ont paru généralement contre-indiquées dans le traitement de la goutte proprement dite. Mon père a cependant observé que, dans certains cas de goutte ancienne et plus ou moins dégagée du caractère inflammatoire propre à ce genre d'affection, les eaux de Bourbonne pouvaient être administrées avec un certain succès, ou tout au moins sans inconvénient ; il a rencontré notamment, dans sa pratique, deux cas de goutte qu'il a pu appeler, d'après certains auteurs, *goutte froide* ou *blanche*, et qui méritent d'être cités, à cause de leur rareté.

M. B...., de la Flèche (Sarthe), 65 ans, constitution forte, tempérament lymphatico-sanguin.

La goutte occupait les deux mains et les deux pieds. Elle avait débuté, depuis plusieurs années, avec les caractères ordinaires de cette affection ; mais, quand le malade vint à Bourbonne, les parties malades étaient comme œdémateuses, froides au toucher, et presque entièrement paralysées. Causes présumées : abus des plaisirs et de la bonne chère.

Usage des eaux de Bourbonne en 1834 et 1835, pendant deux saisons chaque fois, en bains, douches et boissons. Amélioration très-notable ; le malade peut écrire et marcher assez facilement à l'aide de béquilles.

Mme L. .., dr Rheims, 55 ans, ayant cessé d'être réglée à 42 ans; tempérament sanguin nerveux, constitution moyenne.

Depuis la cessation du flux menstruel, la malade avait été sujette à des douleurs entéralgiques très-graves. Lors de son arrivée à Bourbonne, en 1850, elle était encore exposée au retour de ces douleurs, mais l'intensité en était considérablement diminuée. Dans les derniers mois de 1846, la malade avait commencé à éprouver des accès de rhumatisme goutteux, particulièrement aux mains et aux pieds, accès qui avaient alterné avec des accidents entéralgiques.

Usage des eaux de Bourbonne commencé en 1850. A cette époque, les mains étaient frappées d'une impotence à peu près complète, avec insensibilité, privation de chaleur, et gonflement. Traitement suivi depuis le 9 juin au 24 juillet.

Amélioration peu appréciable au départ de la malade, mais résultats consécutifs aussi merveilleux qu'inattendus: retour de la sensibilité, de la chaleur, et disparition du gonflement; la malade peut se servir de ses mains presque aussi bien qu'auparavant. Guérison aussi parfaite que possible, eu égard à l'ège de la malade et aux circonstances de son état général.

3e SÉRIE.

Tumeurs blanches, hydarthroses.

La guérison complète des tumeurs blanches est difficile, pour ne pas dire impossible, au delà d'une certaine période ; mais, dans le plus grand nombre des cas, les eaux de Bourbonne soulagent beaucoup ; elles calment les douleurs, favorisent le travail de la nature, et préparent les solutions qu'il est possible d'obtenir. Lorsque les tumeurs blanches offrent quelques caractères d'état sub-inflammatoire, avec accompagnement de douleurs plus ou moins vives, il est bon de combiner la médication antiphlogistique à l'action stimulante et résolutive des eaux.

Une des terminaisons les plus fréquentes des tumeurs blanches est l'ankylose plus ou moins complète. La plupart des guérisons ne sont ici que relatives ; il y a pourtant quelques cas de guérisons complètes obtenues dans des circonstances favorables, et lorsque la maladie a été bien traitée au début. Voici un cas vraiment curieux que j'ai été en position d'examiner moi-même, et que je ne puis me défendre de citer *in extenso;* c'est un cas d'entorse compliquée qui, par ses suites, avait fini par offrir quelques-uns des caractères de la tumeur blanche.

M. B...., de Dôle (Jura), étudiant en médecine, âgé de 22 ans, d'un tempérament lymphatique, quoique très-brun. Il jouit habituellement d'une bonne santé, et n'a jamais été affecté de *syphilis.* Il contracta, au mois de juin 1854, une entorse de l'articulation tibio-tarsienne gauche, qu'il traita au moyen de l'eau froide; il en était complètement guéri, lorsqu'au mois de septembre de la même année, il reçut un coup violent, dans une voiture, en avant de la malléole interne du pied gauche, au niveau du scaphoïde et du premier cunéiforme; il n'y fit aucune attention, et continua à marcher; la fatigue lui causait parfois un peu de roideur dans les mouvements de pied et une légère claudication qu'il attribuait à son ancienne entorse. Deux mois après ce dernier accident, par un temps pluvieux et humide, il ressentit dans le pied une violente douleur; une inflammation aiguë se déclara et offrit des recrudescences pendant plus de quarante jours, malgré les applications répétées de sangsues et l'usage des émollients. Pendant l'hiver de 1854 à 1855, les vésicatoires volants, les frictions mercurielles et iodurées, furent mis en usage; la compression fut aussi pratiquée avec l'emplâtre de Vigo *cum mercurio*; tout cela fut sans aucun succès.

M. B.... fut envoyé en cet état aux eaux de Bourbonne, et y arriva le 27 mai 1855. On constatait, au-dessous et en avant de la malléole interne du pied gauche, une tumeur formée par le scaphoïde et le premier cunéiforme; il existait, en outre, un gonflement considérable des parties environnantes; tous les mouvements de l'articulation étaient impossibles, et lorsqu'on cherchait à les imprimer artificiellement, le malade ressentait de violentes douleurs au niveau des malléoles, spécialement du côté interne, ainsi que sur le dos du pied, en avant de l'articulation tibio tarsienne; la jambe et la cuisse du même côté étaient considérablement amaigries; le pied ne pouvait pas être posé à plat sur le sol, la pointe était fortement déviée en dehors; la marche n'était possible qu'à l'aide d'une béquille et d'un bâton. Après un traitement composé de 62 bains d'eau thermale de Bourbonne, dont 20 avec addition de sulfure de potassium, de 60 douches, dont 30 en arrosoir, et 30 en demi-canal, de 60 verres d'eau en boisson, l'état de M. B.... s'améliora sensiblement; le gonflement de la tumeur osseuse et des parties molles circonvoisines, qui menaçaient de tourner à la tumeur blanche, était diminué de moitié; les mouvements d'extension et de flexion se faisaient encore incomplètement, mais sans douleur ; ceux de latéralité, pas du tout. Un mois environ après son départ de Bourbonne, M. B.... quittait sa béquille et marchait à l'aide d'une simple canne. Cette amélioration ne fit qu'augmenter pendant l'hiver de 1855 à 1856 ; la marche était cependant toujours difficile et ne pouvait pas être longtemps prolongée ; les variations atmosphériques étaient vivement senties. Pour tout traitement, en attendant la saison des eaux, le malade imprimait chaque jour, à l'aide de ses mains, des mouvements de latéralité modérés, dans tous les sens, à son articulation.

Retour à Bourbonne, le 15 mai 1856. Le gonflement osseux avait encore diminué, l'engorgement des parties molles avait disparu, les mouvements de flexion et d'extension s'exécutaient assez facilement, ceux de latéralité étaient presque nuls, le membre avait plus de force, la marche et la station n'étaient fatiguantes et douloureuses que lorsqu'elles étaient prolongées pendant plus d'une heure et demie. Le traitement se composa, cette année, de 30 bains d'eau thermale, de 70 douches à plein canal et de 60 verres d'eau. M. B.... quitta Bourbonne le 8 septembre 1856, presque complètement guéri ; les seuls mouvements de latéralité laissaient encore à désirer ; le membre n'avait pas encore repris son volume primitif ; l'état général était très-satisfaisant.

J'ai eu occasion de revoir M. B.... à Paris en 1858

et 1859; il continue ses études médicales, et ne conserve, pour ainsi dire, aucune trace de son ancienne affection.

J'ajoute encore ici deux observations de ma pratique, recueillies en 1858, et qui sont remarquables par la rapidité avec laquelle les eaux ont agi.

M.... (Aristide), de Jouy-le-Châtel (Seine-et-Marne), 18 ans, tempérament lymphatico-sanguin, constitution assez forte.

Atteint depuis cinq ans d'une tumeur blanche à l'articulation tibio-fémorale droite, avec trois plaies encore en suppuration à la région poplitée. Des fusées purulentes se sont fait jour dans la jambe du même côté, et des symptômes semblables se sont manifestés à la jambe gauche, mais il ne reste plus rien de ces accidents.

Le malade commença son traitement le 14 juin, et le continua en bains, douches et boissons, jusqu'au 12 juillet suivant, sans autre interruption que quelques jours de repos.

Résultats: deux plaies fistuleuses fermées, force et liberté plus grande des mouvements; espérance très-fondée du développement de l'amélioration obtenue dans un si court espace de temps.

M.... (Ferdinand), de Faverney (Côte-d'Or), 22 ans, constitution moyenne, mouleur en fonte.

Tumeur blanche de l'articulation fémoro-tibiale droite, volumineuse, sans douleur actuelle; ankylose incomplète, trois plaies fistuleuses, dont deux fermées à la partie supérieure du genou, et une au condyle interne, suppurant encore.

La maladie est attribuée à des refroidissements.

Traitement antérieur : sangsues, vésicatoires, pommades iodurées, huile de foie de morue, iodure de potassium à l'intérieur, cautérisation transcurrente.

Première saison, commencée le 11 juin, terminée le 6 juillet. Amélioration notable; les mouvements de l'articulation sont plus faciles, les plaies fistuleuses sont toutes fermées. Repos que le malade va prendre chez lui.

Seconde saison, du 26 août au 14 septembre suivant : la liberté des mouvements s'est encore développée, le malade se fatigue beaucoup moins pendant la marche. Grande amélioration, faisant présager une guérison consécutive.

Les eaux de Bourbonne sont aussi employées dans le traitement des hydarthroses, et l'expérience en a démontré l'efficacité, particulièrement dans les cas où ce genre d'affection dépendrait d'un principe rhumatismal, ou serait compliqué d'une disposition lymphatique prédominante.

» Il existe, dit M. Ballard, auteur d'un traité sur les eaux de Bourbonne, une autre affection articulaire qui simule l'hydarthrose, et qui n'est qu'un gonflement venteux de la membrane synoviale. Les causes paraissent être les mêmes. Quant au diagnostic, on la reconnaît à l'espèce de crépitation d'un fluide aériforme qui passe d'un point de l'articulation à l'autre, sous le doigt de l'explorateur, ainsi qu'à l'absence de tout liquide. Elle entraîne la même faiblesse articulaire. On lui a donné le nom de psycharthrose. Elle est assez fréquente, et cède aux mêmes moyens que l'hydarthrose. »

M. Ballard ne rapporte à aucune autorité connue ce nom de *psycharthrose,* et la réalité bien établie du genre d'affection qu'il servirait à désigner. La crépitation ou les bruits de cette espèce qui peuvent se développer à l'occasion des mouvements articulaires sont communément attribués à un défaut de synovie ; mais mon père, qui les a rencontrés souvent, les ayant vus constamment associés à des apparences d'hydarthrose, ou à des cas où la synovie serait plutôt en excès, n'a pu se rendre à l'explication ordinaire qu'on en donne. Celle de M. Ballard est-elle meilleure ? C'est ce qu'il serait difficile d'affirmer, dans l'état actuel de la question. Il faudrait, pour cela, qu'il fût bien établi : 1° que la psycharthrose existe, c'est-à-dire que des fluides gazeux pussent se développer dans les séreuses articulaires; 2° que la pression de ces fluides gazeux, à l'occasion des mouvements, pût en dégager l'espèce de bruit dont il est question. Quoi qu'il en soit, le fait de la crépitation elle-même est irrécusable; et j'ai été moi-même en position de le vérifier plus d'une fois. Cette crépitation, très-perceptible à l'oreille ou à la paume de la main appliquée sur le genou qui en est le siége ordinaire, est analogue à celui que rendrait la déchirure d'une étoffe. Espérons que l'obscurité qui se rattache encore à cette partie du diagnostic des affections articulaires pourra être dissipée; c'est une question qui me paraît digne au moins d'être examinée.

4e SÉRIE.

Luxations spontanées.

Les lésions articulaires qui amènent les luxations de cette espèce appartiennent par leur nature aux tumeurs blanches, et j'aurais pu, par conséquent, ne pas les en distinguer; mais j'ai pensé qu'il était bon d'en former un groupe à part, en raison de leur caractère particulier. Les luxations auxquels ces lésions peuvent donner lieu, se rencontrent particulièrement dans les grandes articulations de l'épaule et de la hanche, plus souvent dans celle-ci.

Les réflexions présentées ci-dessus au sujet des tumeurs blanches sont en grande partie applicables aux cas de luxations spontanées. Les bains, les douches de Bourbonne, et même l'usage intérieur de l'eau, surtout quand le malade est lymphatique, agissent parfaitement, sinon pour empêcher la luxation; du moins pour aider la nature et calmer les douleurs ordinaires dont ce travail est accompagné. Mon père a vu des coxalgies graves avec allongement du membre, et qui auraient pu amener des luxations spontanées, avorter sous l'influence des eaux de Bourbonne ; mais, à une certaine période de la maladie, la luxation est inévitable ; et, dans ce dernier cas encore, les eaux de Bourbonne sont de la plus grande efficacité dans le traitement des suites et des complications, telles que gêne et faiblesse dans les mouvements, rétractions musculaires, caries, abcès, plaies fistuleuses.

5e SÉRIE.

Diastases, entorses, foulures.

Les eaux de Bourbonne guérissent très-souvent dans ces différents cas. On ne nous envoie guère que ceux qui ont été rebelles aux moyens ordinaires et au temps. L'usage intérieur de l'eau est ici très-accessoire et subordonné au tempérament du malade.

6e SÉRIE.

Ankyloses.

Bien que l'ankylose se rencontre comme

complication dans un grand nombre des affections au traitement desquelles les eaux de Bourbonne sont appropriées, j'ai retenu, dans un groupe spécial, les ankyloses qui persistent comme affection principale, à la suite de celles qui les ont amenées et qui peuvent être réputées guéries, du moins autant qu'elles peuvent l'être.

L'entière guérison d'une ankylose est très-rare. Il n'y a rien à espérer quand l'ankylose est complète. Tout ce que les eaux de Bourbonne peuvent faire en pareil cas, c'est de favoriser la résolution des douleurs et de l'engorgement dont l'articulation malade serait encore le siége. Elles sont d'ailleurs extrêmement utiles et recommandables dans tous les cas d'ankyloses incomplètes. Il est rare qu'elles n'amènent pas une amélioration considérable dans l'état des mouvements. Quand une ankylose complète est inévitable, il est essentiel de veiller à ce qu'elle s'accomplisse dans la position la plus favorable possible, eu égard au membre affecté. Parmi les moyens susceptibles de concourir à ce résultat, les eaux de Bourbonne peuvent encore être comptées comme un accessoire utile.

7e SÉRIE.

Diverses lésions du tissu osseux : ostéite, carie, nécrose.

Dans tous les cas où l'ostéite ne se présente pas avec les caractères de l'état inflammatoire aigu, les eaux de Bourbonne agissent d'une manière utile et secondent puissamment les efforts de la nature, soit que la résolution puisse être obtenue, soit que la maladie doive se terminer par suppuration. Elles favorisent également la cicatrisation des caries et l'élimination des parties nécrosées, surtout dans la complication scrofuleuse.

8e SÉRIE.

Altérations plus ou moins profondes, étendues et compliquées, des tissus organiques et des rapports de leur position, par suite de blessures, coups de feu, contusions, fractures, et généralement de toute espèce de solution de continuité dépendant d'une cause externe et accidentelle.

La grande efficacité des eaux de Bourbonne

est depuis très-longtemps constatée et célébrée dans les nombreuses lésions dé cette catégorie. Parmi les guérisons obtenues, il en est de *complètes;* il en est d'autres aussi qui ne sont que *relatives,* eu égard à l'impossibilité de rendre toujours aux tissus lésés leur forme primitive et l'entière énergie de leurs fonctions.

Voici deux observations à l'appui de ce qui vient d'être dit ; je les rapporte ici, non pas qu'elles puissent être comptées parmi les plus remarquables, mais par la raison que j'ai pu les relever moi-même et suivre le traitement des malades qui en ont été le sujet.

P.... (Jean-Louis), de Conliège (Jura), 48 ans, tempérament nerveux, constitution moyenne.

Fracture de la cuisse droite, en mai 1857. La consolidation a été difficile. Ce résultat paraissait avoir été obtenu, mais il a fallu, trois mois après l'accident, remettre un appareil. Lors de l'arrivée du malade, en août 1858, le fémur était bien consolidé, mais il faisait saillie en dehors, et présentait un raccourcissement de 5 centimètres environ. L'articulation tibio-fémorale est comme ankilosée dans l'extension complète du membre, tellement que le malade, assis sur le sol, peut à peine passer le doigt sous la région poplitée. La jambe ne supporte pas le poids du corps. Nécessité de deux bâtons pour marcher.

Traitement commencé le 12 août, en bains, continué en bains et en douches jusqu'au 3 septembre suivant.

Amélioration considérable. Flexion du membre redevenue possible à un degré tel que le malade peut passer le poing tout entier où il ne pouvait passer que le doigt. Il peut enfin garder la station et marcher, sans l'appui des deux bâtons qui lui étaient absolument nécessaires.

C.... (Sylvain), d'Épernay (Marne), 26 ans, maçon, tempérament lymphatico-sanguin, constitution forte.

Le 29 juillet 1857, le malade tombe d'une hauteur de 8 mètres et le poids du corps porte sur le poignet gauche. Fortes ecchymoses, inflammation vive. Traitement par les compresses d'eau froide, et guérison apparente après trois semaines. Le malade avait cru pouvoir reprendre ses occupations, lorsque, peu de temps après, pendant la nuit, l'articulation huméro-cubitale, du même côté, devint tout-à-coup le siège d'un gonflement inflammatoire, avec douleurs vives et grande difficulté dans les mouvements. Le poignet, primitivement affecté, est de nouveau envahi par des symptômes analogues, et la main, privée de force, se soutient à peine, dans la position horizontale du membre.

Traitement commmencé en bains, le 30 juillet 1858, en douches le 2 août, terminé le 8 septembre.

Résultats : Mouvements d'ensemble du bras et de l'avant-bras, plus faciles et plus étendus. Rien de gagné encore dans ceux de l'articulation huméro-cubitale; mais grande amélioration dans l'état du poignet, qui se meut parfaitement, de même que dans celui de la main, qui a cessé d'être tombante, et peut serrer même un objet avec une certaine force, chose absolument impossible à l'arrivée du malade. Guérison ultérieure probable.

On peut observer aussi à Bourbonne des cas assez nombreux d'accidents arrivés en chemin de fer, ou causés par l'action des machines à engrenages, en un mot toutes les suites et les complications des plaies par arrachement et par écrasement. Les eaux de Bourbonne sont de la plus grande utilité dans les cas de ce genre ; elles ont pour effet de favoriser la résolution des engorgements, de rémédier, autant que possible, aux ankyloses, ainsi qu'aux adhérences vicieuses qui succèdent souvent au travail de la cicatrisation des plaies. Ici, comme ailleurs, on ne peut tracer aucune règle fixe de traitement. L'administration des eaux peut varier suivant les formes et la nature des lésions ; elle est abandonnée à l'appréciation du médecin traitant.

Il en est de même pour les accidents qui sont la suite des plaies d'armes à feu, qu'on peut observer en si grand nombre à Bourbonne; et c'est ici le lieu de placer les résultats d'une étude que j'ai faite sur les plaies de cette nature, et particulièrement sur la convenance de l'époque à laquelle les malades peuvent être envoyés aux eaux. Les bains civils ne sont appelés à soigner ces lésions que dans des cas rares et exceptionnels ; mais, ayant été chargé, comme aide-major requis, d'un service d'observations à l'hôpital de Bourbonne, pendant la guerre de Crimée, je fus à même d'étudier le traitement de ces accidents si complexes.

Les balles de pistolets, de fusils, les biscaïens, les boulets, les éclats de bombe, d'obus, les morceaux de mitraille, tous ces corps mus par la poudre, avec une plus ou moins grande force de projection, à des distances variables, déchirent les tissus en les contondant, les traversent plus ou moins profondément, fracturent les os, et produisent en général tous les accidents dépendant de ces différentes causes, à tous les degrés, depuis le simple épanchement sanguin jusqu'à de vastes pertes de substance.

On a depuis longtemps reconnu aux eaux minérales de Bourbonne une très-grande efficacité dans le traitement des lésions de cette nature; et tout d'abord ici se présente une question préjudicielle et capitale pour le praticien; c'est la détermination de l'époque à laquelle le traitement par les eaux thermales offre le plus d'efficacité. Faut-il attendre un temps assez long et assez difficile du reste à déterminer, ou se hâter d'envoyer aux eaux les blessés de ce genre, lorsque toutefois les symptômes inflammatoires généraux et locaux sont entièrement dissipés? La question nous paraît devoir être résolue dans ce dernier sens. Nous allons en déduire les preuves, fondées à la fois sur le raisonnement et des expériences récentes.

Il est d'abord évident que le temps et l'inaction prolongée peuvent favoriser le développement de certains obstacles qu'il est plus difficile et quelquefois même impossible de vaincre plus tard. Une balle, un projectile quelconque, par exemple, atteint des muscles, des tendons, des enveloppes tendineuses, et la rétraction d'un membre en est souvent la suite. N'est-il pas à craindre que si on le laisse longtemps dans cette position vicieuse, invariable et inflexible, on ne favorise la formation d'une ankylose ?

A l'appui de ce que nous avançons, nous citerons le cas suivant, qui porte le n° 31, du cahier d'observation de l'année 1855, 1re *saison.*

L'extension du bras gauche, qui était impossible chez le militaire, objet de cette observation, à la suite d'une blessure de balle reçue au tiers inférieur du bras gauche, se fit avec une grande facilité, et cela lorsque le malade n'avait encore pris que huit ou neuf bains et autant de douches. Un si prompt résultat ne donne-t-il pas à penser ; et n'avait-on pas à craindre de voir se perpétuer la position vicieuse de l'avant-bras, si l'on avait tardé plus longtemps à porter remède à cette situation qui durait déjà depuis huit mois, sans qu'aucune amélioration se fût fait sentir ?

Il est aussi d'expérience que les eaux de Bourbonne favorisent la sortie des projectiles séjournant encore au fond des blessures, et qu'elles exercent la même action sur les corps étrangers qui y ont été entraînés, tels que fragments de capotes, de chemises, etc.

La présence de ces corps étrangers est, comme on sait, un des grands obstacles à la cicatrisation complète des trajets fistuleux entretenus par cette cause. Ils peuvent donner lieu aussi à de très-douloureuses névralgies, lorsqu'ils séjournent dans le voisinage d'un nerf qu'ils compriment. On ne saurait donc trop se hâter de provoquer la sortie de ces corps. Toute la guérison est là. L'action stimulante des eaux de Bourbonne devient alors éliminatrice. Il faut donc aussi, dans ces cas spéciaux, agir avec promptitude et envoyer aux eaux les blessés aussitôt que les symptômes inflammatoires auront, je ne dis pas disparu, mais seulement diminué. Il arrive même souvent que, sous l'influence du traitement thermal, il se forme des abcès aux environs des plaies, ou que des accidents inflammatoires locaux se déclarent. Loin de s'en effrayer ici, comme on en connaît la cause, il faut s'en féliciter, car les corps étrangers sont plus facilement rejetés au dehors à l'aide de cette inflammation éliminatrice provoquée ; l'important pour le médecin, est de savoir en diriger et en modérer, au besoin, le développement. Quant aux suites de fractures causées par les projectiles divers dont nous avons parlé plus haut, elles sont améliorées par l'action des eaux de la même manière que les fractures venant de toute autre cause. Il faut cependant tenir compte ici d'une circonstance tout à fait particulière. Ces fractures sont presque toutes *comminutives*, et il arrive souvent que les eaux agissent ici comme sur les corps étrangers, en provoquant la sortie de quelques esquilles ou des parties nécrosées de l'os, qui retardent la guérison. Il va sans dire qu'on ne doit faire ici usage des eaux que lorsque le cal est déjà formé.

Lorsque les cicatrices ont, en se formant, laissé des adhérences, il faut se hâter d'agir, car si les parties lésées ont contracté des unions solides, il n'y a plus de remède possible, et les eaux ne donnent que des résultats nuls ou imparfaits. Les balles laissent souvent des traces de leur passage à travers les parties molles, les masses musculaires, sous la forme d'empâtements, de duretés accompagnées de gêne dans les mouvements et de vives douleurs. La résolution de ces accidents s'effectue souvent avec une grande facilité, sous l'influence des eaux : je n'en citerai qu'un exemple chez un jeune militaire dont la blessure présentait bien d'autres complications.

D.... (n° 223, 1re saison, 1855), fusilier au 6e de ligne, reçut, à la bataille d'Inkermann, une balle qui, entrée un peu plus haut que le pli de la fesse droite, suivit une marche oblique de haut en bas, d'arrière en avant, et de dehors en dedans, passa sous le périnée, s'engagea dans la région inguinale du côté gauche, et vint se loger à 3 centimètres environ au-dessous de l'épine iliaque supérieure, et à 5 centimètres en avant du grand trochanter. La balle fut extraite au moyen d'une incision pratiquée plus bas, la marche et sa propre pesanteur l'ayant fait glisser dans cette région. Le malade, par suite de la rétraction des muscles, se porte sur la pointe du pied gauche. Il existe une claudication très-prononcée, et la fatigue survient après cinq minutes de marche. Il y a eu un abcès suppuré à la partie interne et supérieure de la cuisse, il reste encore de l'empâtement et une grande dureté dans cette région. La claudication existant lors de l'arrivée du malade à Bourbonne est due à la contraction permanente des muscles fémoraux. Après le traitement thermal, qui se composa de 28 bains et de 20 douches, accompagnés de 35 verres d'eau thermale, ce militaire obtint une *amélioration qui approchait de la guérison.*

Certaines paralysies partielles, suites de blessures, lorsqu'elles ne sont pas entretenues par une lésion matérielle d'une partie du système nerveux, sont susceptibles de guérison ou au moins d'une grande amélioration par les eaux de Bourbonne. Voici un fait intéressant qui vient à l'appui de cette assertion, c'est l'observation n° 304 (1re saison 1855).

Le nommé L....., du 98e de ligne, reçut, aux tranchées, devant Sébastopol, une balle qui entra au tiers supérieur et antérieur du bras droit ; le projectile traversa les muscles en avant de l'humerus qu'il respecta, continua son trajet en traversant le grand pectoral droit, vint passer sur le sternum entre l'os et la peau, s'engagea sous les muscles pectoraux du côté gauche, et vint se loger dans la légion axillaire du même côté. Une incision fut pratiquée pour l'extraction de la balle, sur le grand pectoral gauche. A l'entrée du malade à l'hôpital, impossibilité de toute espèce de mouvement du bras droit. L'avant-bras ne participe pas à la paralysie ; mais la flexion des doigts détermine une sensation de piqûres d'épingles à leurs extrémités. Un traitement, consistant en 80 bains et 79 douches, accompagnés de 100 verres d'eau thermale, fut administré, et le malade sortit parfaitement guéri.

Le même succès ne s'est pas reproduit chez le malade dont l'observation porte le n° 256, et qui reçut un éclat d'obus au côté droit de la colonne vertébrale, à 3 centimètres environ des apophyses épineuses. La paralysie des membres pelviens, l'anesthésie, la constipation, l'incontinence d'urine, les secousses spasmodiques des membres, nous indiquèrent suffisamment une lésion matérielle du *rachis*, et les eaux ne furent d'aucune efficacité. C'est ce que l'on rencontre, du reste, chez toutes les paralysies de ce genre, traumatiques ou autres ; et si l'on a constaté à Bourbonne des guérisons miraculeuses de paraplégies en apparence bien prononcées, c'est que la cause première de celles-ci était ou rhumatismale ou dépendant d'un trouble nerveux, et qu'elles pouvaient être rangées dans la classe des paralysies *sine materia*.

Certaines névralgies survenant à la suite de blessures d'armes à feu, et dues à des causes plus ou moins profondes d'irritation ou d'ébranlement, cèdent ordinairement à l'usage des eaux de Bourbonne.

Pour nous résumer, nous dirons qu'on ne peut se faire d'avance des règles fixes et invariables sur le traitement des plaies d'armes à feu, leurs symptômes et leurs complications constituant des individualités morbides. Ce que nous avons surtout cherché à établir ici, c'est la nécessité de recourir le plus promptement possible au traitement thermal, si l'on veut obtenir les meilleurs résultats; et nous ne fixerions à ce traitement d'autres délais nécessaires que la cessation des graves et premiers symptômes inflammatoires.

Nous ne devons pas passer sous silence une question très-controversée autrefois par les auteurs qui ont écrit sur le traitement des *fractures*, à Bourbonne, et dont quelques-uns ont prétendu que nos eaux pouvaient amener le ramollissement du cal dans les fractures récentes.

Mon père, qui s'en est préoccupé, n'a rencontré dans sa pratique aucun fait susceptible d'être produit à l'appui de cette opinion. Ce problème vient d'être de nouveau proposé à la Société d'hydrologie par M. le Dr Patézon, ancien médecin militaire, aujourd'hui inspecteur des eaux de Vittel, et auteur d'un mémoire sur ces eaux. Presque tous les auteurs qui ont écrit sur Bourbonne, dit M. le Dr Patézon, ont avancé qu'elles ramollissent le cal, et qu'il y avait danger à y soumettre des fractures ayant moins de douze à dix-huit mois de date. Le conseil de santé des armées lui-même a prescrit dans une circulaire du 6 mars 1857 de n'envoyer les fractures à Bourbonne qu'après dix-huit mois. M. Patézon a cependant observé des fractures récentes qui traversaient une cure de bains et de douches sans accident ; M. Cabrol lui-même repousse comme de pures théories les faits d'incurvation attribués à un ramollissement du cal par les eaux. Ces médecins constatèrent, à l'aide de leur statistique, que sur 89 fractures de six à douze mois de date, il y a eu 24 guérisons, 48 améliorations, 15 résultats nuls et 2 aggravations.

BIBLIOTHÈQUE IMPÉRIALE

« La conclusion de tout ceci, dit M. Dutroulau, rapporteur, c'est que la tradition défavorable à l'action des eaux de Bourbonne dans les fractures récentes doit quelque peu se modifier, et qu'à part les cas où un reste d'inflammation pourrait être aggravé par la propriété excitante de l'eau, et par l'effet mécanique de la douche, on peut engager les praticiens à envoyer leurs malades à la date de quatre à cinq mois à partir de l'accident. »

Dupuytren attribuait à l'eau comme une action dissolvante sur le cal provisoire, et proscrivait l'usage du bain dans les convalescences des fractures : cette opinion n'a pas prévalu. Magistel écrivait en 1828 : « Chez les individus morts pendant l'usage des eaux, j'ai observé que les fibro-cartilages des vertèbres ne présentaient plus la même résistance que dans l'etat naturel, il est bien remarquable que le tissu osseux participe aussi à ce ramollissement..... Quelquefois le cal des fractures mal réduites subit un nouveau travail ; on est obligé de suspendre le traitement. »

Et pourtant Magistel ne reculait pas au-delà du cinquième ou sixième mois la date du traitement.

« On voit, ajoute M. Dutroulau, que si les faits d'aggravation, d'incurvation, de rupture même du cal par le traitement hydrothermal, existent, ils sont pourtant rares, exceptionnels, et que l'anatomie pathologique n'a pas prouvé jusqu'ici, d'une manière péremptoire, qu'ils sont dus à un ramollissement par les eaux. »

« Avec des éléments aussi nombreux et aussi divers de gravité et de durée des accidents consécutifs, il n'est pas permis de déterminer, d'une manière rigoureuse et égale pour tous, le moment d'opportunité du traitement hydrothermal des fractures. C'est là une question d'indication particulière entièrement soumise à la nature des faits qui la soulèvent, et il y aurait autant d'exagération à reculer ce moment au-delà de certaines limites, celle de douze mois par exemple, assignée à la formation du cal définitif, que d'imprudence à le trop rapprocher du début. »

Nous nous rattachons entièrement à l'avis de M. Dutroulau, et nous pensons, comme lui, que la vérité n'est pas dans l'exagération d'un côté ou de l'autre, mais que le diagnostic de l'époque où il faut envoyer les fractures aux eaux, doit être basé sur les caractères particuliers de la fracture et le tempéramment du malade. Nous conclurons donc avec M. Dutroulau, qui le fait en ces termes :

« Aussi ne pouvons-nous approuver le conseil que donne M. Patézon aux praticiens d'envoyer les fractures aux eaux de Bourbonne à dater de quatre mois et demi à cinq mois de l'accident, qu'en faisant avec lui des réserves : 1° pour les fractures par projectiles de guerre ; 2° pour celles où un levain d'activité inflammatoire existerait oncore dans le foyer de la lésion ; 3° pour celles enfin où un état diathésique serait susceptible de retarder la consolidation. »

9e SÉRIE.

Des hémiplégies.

Je citerai d'abord, au sujet des hémiplégies, une note envoyée par mon père, en février

1856, à la discussion de la Société d'hydrologie; et si je donne à cette note la priorité, c'est qu'il est ici spécialement question de Bourbonne; j'aborderai, après avoir cité textuellement, comme base de nos doctrines à Bourbonne, l'examen des autres opinions qui se sont produites dans le cours de cette discussion.

« L'efficacité des eaux de Bourbonne, dans le plus grand nombre des cas de paralysie, les a fait supposer propres au traitement des suites ordinaires des congestions cérébrales avec épanchement. C'est ainsi qu'elles sont devenues, par une sorte de tradition, le rendez-vous des affections de cette espèce; on nous envoie jusqu'à des ramollissements du cerveau. La médecine de Bourbonne (et je ne m'excepte pas du reproche) a peut-être trop subi l'empire de cette tradition. La paralysie n'est ici qu'un symptôme; elle n'est pas l'affection principale, et si nos eaux peuvent traiter le symptôme, elles ne peuvent le faire avantageusement qu'à une époque et dans des conditions telles qu'on puisse le supposer déjà plus ou moins dégagé de sa cause : autrement elles seraient dangereuses. Si les médecins du lieu n'ont pas toujours évité cet écueil, il est vrai de dire aussi qu'ils ont eu à lutter contre les malades encouragés par les médecins qui les envoient. Je dois ajouter cependant que l'opinion s'éclaire et se rectifie d'année en année, sur ce point, dans le corps médical.

« Les eaux de Bourbonne peuvent être appropriées au traitement des paralysies, suites d'hémorrhagie cérébrale, lorsque la lésion primitive a franchi toutes les périodes du travail inflammatoire. Il y a plus de chance de succès quand la cause a été accidentelle, quand elle ne tient pas à l'âge ou aux circonstances du tempérament. Et même, en supposant que l'affection ait son principe dans la constitution du sujet, les eaux de Bourbonne peuvent encore être employées, lorsqu'à l'aide d'un régime convenable et des moyens propres à neutraliser les effets de cette disposition, elle a cessé de paraître menaçante.

« Il est extrêmement important, dans tous les cas, de surveiller l'action du traitement avec la plus grande attention, et de faire concourir aux bons résultats de cette action le régime et les moyens accessoires indiqués par l'état particulier du malade. Plus les sujets sont jeunes et sanguins, plus on doit se tenir en garde contre l'action excitante de l'eau de Bourbonne, à l'intérieur surtout. Les bains a douce température et un peu prolongés peuvent être considérés comme une préparation utile à l'action de la douche qui est ici la forme la plus efficace de l'administration de nos eaux. Le malade la reçoit tantôt couché sur un lit de sangle, et tantôt assis. Ce dernier mode est préféré, dans les cas où la tendance du sang vers le cerveau paraîtrait à craindre.

« Sous le bénéfice de ces réserves, on peut laisser aux eaux de Bourbonne une place encore assez honorable dans le traitement des paralysies, suites d'apoplexie cérébrale.

« Une des conditions les plus essentielles du régime accessoire à suivre est le maintien de la liberté du ventre; il est même à propos d'exciter cette liberté par de légers purgatifs, indépendamment des émissions sanguines qui peuvent être indiquées. L'exercice est bon, mais dans une mesure proportionnée à l'état du malade et aux forces dont il peut disposer sans fatigue, de manière à éviter toute réaction fâcheuse du cerveau.

« J'ai dit que, dans les paralysies de l'ordre de celles dont nous nous occupons, les eaux de Bourbonne ne doivent pas être employées à une époque trop rapprochée des accidents primitifs ; mais si leur emploi prématuré présente des dangers, de même il y aurait des inconvénients dans l'excès contraire. Un ajournement trop long pourrait compromettre les résultats du traitement. La guérison, dans les affections de ce genre, est subordonnée sans doute à la résorption de l'épanchement, c'est-à-dire qu'elle se fait du dedans au dehors ; mais cette résorption elle-même peut être favorisée par une action du dehors au dedans, quand la période du travail inflammatoire est franchie. C'est du moins ce que les bons résultats des traitements thermaux tendraient à faire penser. Remarquons encore ici que la paralysie, considérée comme effet, peut persister par une sorte d'habitude, si je puis m'exprimer ainsi, même après la suppression de la cause qui l'a produite.

« On conçoit en effet que des membres plus

ou moins longtemps privés de l'influx cérébral puissent rester sous le coup de l'engourdissement qui en a été le résultat, si une action extérieure quelconque ne vient les aider à en sortir, en s'exerçant sur les points extrêmes engagés dans l'affection ; mais il importe que cette action, qui peut s'étendre de proche en proche et rayonner jusqu'au cerveau, n'y ramène aucun principe d'irritation. Voilà ce que le médecin traitant ne doit jamais cesser d'avoir en vue. »

Tels sont, dans la pratique de Bourbonne, les points de vue principaux du traitement des hémiplégies avec épanchement. Nous allons maintenant passer en revue les diverses doctrines qui se sont produites au sein de la Société d'hydrologie, pour soutenir ou combattre les principes que nous venons d'exposer.

Le premier orateur qui prend part à la discussion est M. Le Bret, inspecteur à Balaruc, et qui exerce avec des eaux fortement chlorurées, sodiques et purgatives. Cette dernière propriété l'amène à se servir énergiquement de ces eaux thermales, en tempérant l'excitation du bain et de la douche par la dérivation puissante produite par les boissons. Pour lui, « la plus grande réserve doit présider à la méthode du traitement. La propriété purgative et dérivative de l'eau minérale, combinée avec l'action excitante du bain peu prolongé et successivement élevé à un certain degré de température, telle en est la base ; et ce n'est qu'avec sobriété et ménagement qu'on peut user des douches, moyen de stimulation active, et par conséquent périlleux tant que la menace d'apoplexie n'a point disparu. A ce dernier égard, il n'est pas de médecin pratiquant aux eaux qui ne sache combien on retient avec peine les malades dans leur impatience et leur désir d'affronter les moyens les plus énergiques dont nous disposons; et c'est en cela encore que la faculté qu'une source saline et purgative nous présente de maintenir une dérivation journalière du côté des voies intestinales, me paraît extrêmement précieuse. Dériver, stimuler et reconstituer, tels sont les termes de la médication thermo-minérale appliquée aux paralysies. »

M. Le Bret désigne comme contre-indication les affections organiques ou fonctionnelles du cœur, mais il fait en même temps remarquer qu'on peut doucher quelquefois les malades au cœur hypertrophié, à condition que la température de la douche soit peu élevée et sa durée peu prolongée. Les malades supportent mal le bain, au contraire, même à mi-corps. M. Le Bret craint la fièvre thermale pour les apoplectiques, bien qu'il ne l'ait jamais observée à Balaruc. Quant aux contractures permanentes ou passagères des muscles fléchisseurs, M. Lebret se demande si elles ne seraient pas le signe d'un travail inflammatoire s'opérant dans quelque kyste, au sein des organes cérébraux. Il fait observer que M. Duchenne (de Boulogne) y voit une contre indication à l'emploi de l'électricité, et que pour beaucoup de nosographes, pour M. Durand-Fardel, par exemple, les contractures sont l'indice d'un ramollissement, surtout si la maladie a débuté par une altération graduelle du mouvement et de l'intelligence. M. Le Bret pense que, dans ce cas, on pourrait tout au plus utiliser la vertu purgative des eaux ; il observe néanmoins qu'elle peut quelquefois devenir fatale aux malades en déterminant une irritation gastro-intestinale qui les jette rapidement dans une prostration profonde et précipite leur fin. La douche ascendante produirait en pareil cas le même effet.

M. Le Bret hésite lorsqu'il se demande à quelle époque de la maladie on doit envoyer l'apoplectique aux eaux. Si c'est à une période rapprochée de l'attaque, ne doit-on pas craindre de la renouveler? Mais souvent les faits démentent ces légitimes appréhensions. Il cite des cas récents traités avec succès et parle d'une amélioration assez rapide dans les symptômes; mais la nature elle-même fait le même travail sans aucun traitement. M. Le Bret dit qu'on a vu des cas semblables à Bourbonne, à Balaruc. Si de pareils cas se sont rencontrés à Bourbonne, ce que j'ignore, ils seraient bien exceptionnels, attendu qu'on y met généralement en pratique un traitement tout opposé, et qu'on n'y applique les eaux qu'après la cessation du travail inflammatoire. M. Le Bret termine ce qu'il a à dire sur le traitement de l'hémiplégie, en exprimant la crainte que le malade surrexcité et rentré chez lui ne subisse une véritable réaction et ne devienne victime d'une nouvelle congestion.

D'un autre côté, MM. Regnault et Caillat, tous d'eux parfaitement d'accord, en cela, déclarent qu'ils soignent immédiatement après l'attaque les premiers accidents, et qu'ils ne craignent pas de provoquer la rougeur à la peau, l'accélération de la circulation et surtout la sueur abondante, qui en sont la conséquence. Ajoutons qu'ils permettent une nourriture copieuse. A l'hospice thermal, où personne n'intervient, les malades s'administrent les eaux comme bon leur semble, c'est-à-dire qu'ils en abusent autant qu'ils le peuvent. A l'hôpital, au contraire, le traitement est rigoureusement surveillé. Loin de provoquer la syncope, comme à l'hospice, on observe tous les ménagements possibles de température, de temps, de force, etc.; mais les résultats sont bien différents. A l'hospice, on observe rarement un insuccès complet. A l'établissement, au contraire, guérisons plus rares et fréquents insuccès. M. Regnault a été amené par les résultats de sa pratique, à ces deux formules : 1° dans les hémiplégies apoplectiques, la guérison sera d'autant plus prompte que le malade aura été moins saigné ; le traitement thermal sera d'autant plus efficace qu'il sera appliqué à une époque plus rapprochée de l'accident. Quelque contraires que soient ces deux propositions aux idées généralement adoptées, M. Regnault voit dans l'ébranlement imprimé aux organes périphériques, dans l'abondance des sueurs et des sécrétions, dans la révulsion opérée sur l'estomac et les intestins par la boisson et les douches ascendantes, autant de moyens qu'il suppose assez puissants pour amener la résorption du caillot sanguin avant l'organisation du kyste, ou avant la production du ramollissement qui perpétue la paralysie. M. Regnault, en terminant, dit qu'il ne prétend pas généraliser sa méthode, et que ses observations ne s'appliquent qu'aux eaux dont l'inspection lui est confiée. Il engage néanmoins ses confrères de Bourbonne et de Balaruc à expérimenter dans le même sens.

M. Caillat est moins absolu que M. Regnault; il évite autant que possible la poussée, la fièvre thermale; et une surveillance sévère est appliquée aux malades.

M. Villaret, médecin principal des armées à Bourbonne, vient apporter le résultat de sa pratique. Sur 22 cas d'hémiplégie, il compte 1 guérison, 12 améliorations, 6 insuccès, 3 aggravations. M. Villaret trouve en général que l'hémiplégie est traitée avec peu de succès, il parle de M. T...., médecin sous-aide, chez lequel une paralysie de la jambe droite était demeurée persistante. Cette jambe ne pouvait se mouvoir pendant la marche qui se faisait aux béquilles, que projetée en avant par la jambe saine. A la seconde année du traitement, les orteils commencèrent à se mouvoir, et l'action du pied suivit de près, puis celle de la jambe; et le malade pouvait marcher avec une simple canne, mais avec beaucoup de difficulté. M. Villaret constate à regret que cette amélioration ne s'était pas développée; mais, s'il vivait encore, il aurait la satisfaction de voir M. T..... entièrement guéri. Il est à remarquer, au sujet de ce cas cité par M. Villaret, qu'il dépendait non d'hémorrhagie cérébrale, mais d'une méningite cérébro-spinale épidémique.

M. Villaret, dans le traitement, employait fort peu les bains, à cause de la surexcitation qui pouvait en résulter. Quelquefois il permettait le bain, plutôt à une température basse qu'élevée ; il donnait en outre quatre ou cinq verres d'eau thermale, de demi-heure en demi-heure. Les douches étaient de 32 à 35 degrés centigrades, et d'une durée qui ne dépassait guère 20 ou 25 minutes. Il a employé le massage pendant la douche et une friction légère, à la suite, avec un gant de crin. Il avait aussi fait la demande d'un appareil électrique de M. Duchenne (de Boulogne). Il préférait les douches chaudes continues aux douches écossaises. Enfin M. Villaret conseillait, au sortir de la douche, la promenade à pied pendant une heure ou deux, si c'était possible, ou la locomotion dans une des petites voitures en usage à Bourbonne.

Après M. Villaret, M. de Laurès, qui a été à la tête de l'établissement de Balaruc, pense que ces eaux ne sont pas assez purgatives pour produire promptement l'effet dérivatif. Plus loin, M. de Laurès déverse le blâme sur les méthodes employées à Bourbon-l'Archambault, et fait voir que, tout en se contredisant, les deux médecins de cet établissement arrivent aux mêmes résultats : il considère leurs théories comme fort hypothétiques.

M. Durand-Fardel désigne trois degrés de

paralysie dans l'hémorrhagie cérébrale. Les paralysies, suites d'apoplexie, peuvent être généralement attribuées à la congestion, à l'hémorrhagie et au ramollissement cérébral. Après avoir écarté la congestion, qui est presque toujours passagère, tandis qu'il attache beaucoup d'importance aux hémiplégies dépendant d'un ramollissement, dont le diagnostic est du reste assez difficile à établir, M. Durand-Fardel se résume en ces termes : « Dans les hémiplégies, l'indication ou la contre-indication d'un traitement thermal, en tant que dépendant de l'altération supposée dans le cerveau, sera basée sur la marche des symptômes et non sur l'idée du diagnostic anatomique.

« Les traitements hâtifs de la paralysie par les eaux minérales seront toujours difficiles à apprécier à leur juste valeur, parce qu'un grand nombre de malades qui y sont soumis devaient guérir spontanément.

» En effet, dans ces maladies abandonnées à elles-mêmes, voici ce qui se passe dans le plus grand nombre de cas :

» Pendant les premières semaines ou les premiers mois qui suivent une apoplexie, les fonctions lésées reprennent la totalité ou une partie de leur intégrité.

» Elles n'atteignent en général qu'une certaine limite dans ce sens, à cause de la persistance indéfinie d'une lésion matérielle, kyste, cicatrice, atrophie, etc.

« Aussi, voit-on habituellement, au bout d'un certain temps, tous les moyens employés contre la paralysie demeurer inertes parce qu'ils viennent se heurter contre une impossibilité matérielle ; c'est ce qu'a constaté M. Regnault : notre honorable collègue déclare que, lorsque la paralysie date de deux ans, et qu'elle est stationnaire, on doit peu attendre d'effet des eaux. C'est pour cela que la strychnine et l'électricité, usitées dans de telles conditions, ont bien peu de prise sur l'hémiplégie.»

M. Gerdy, inspecteur des eaux d'Uriage, s'étonne de l'importance exclusive donnée au traitement thermal, tandis qu'on ne fait pas mention des ressources naturelles de l'organisme qui souvent suffisent à elles seules pour mener à bonne fin de semblables maladies : « J'étais étonné, dit-il, qu'on ne dît rien de la nature, cette grande médicatrice, qui si souvent fait beaucoup plus et beaucoup mieux que nous, devant laquelle les maîtres de l'art se sont inclinés avec respect, et que nous semblons par trop dédaigner. »

Ayant ainsi fait cette large part aux moyens naturels et spontanés, M. Gerdy rapporte à quatre groupes les cas d'hémiplégie qu'il a été en position d'observer.

« 1° L'hémiplégie plus ou moins ancienne, mais compliquée de symptômes permanents de congestion du cerveau. » M. Gerdy, s'occupant ici de l'action dérivative, y voit des avantages réels, lorsqu'elle est employée avec modération ; mais il a eu lieu d'observer que, dans le cas contraire, elle était souvent suivie d'excitation cérébrale.

» 2° Hémiplégies anciennes, datant au moins d'un an, et parfois beaucoup plus, compliquées de symptômes d'irritation et de congestion du cerveau, mais présentant un état de paralysie depuis longtemps déjà stationnaire et assez prononcé. »

Ici on a moins à craindre de surexciter ; mais il ne faut pas cependant agir sans précautions, et comme s'il n'y avait jamais eu de lésion cérébrale. Celle-ci peut très-bien récidiver, quelle que soit la durée de la première guérison. Le cerveau peut conserver une impressionnabilité anormale et devenir une seconde fois le siége de lésions plus ou moins graves, sous l'influence d'une cause excitante générale.

» 3° Hémiplégie de date assez récente, d'intensité moyenne ou peu considérable et sans complication d'un travail d'irritation bien apparent vers l'encéphale. »

C'est dans ces cas surtout qu'il faut laisser agir la nature, et elle agit aussi vite que si on mettait en pratique un traitement thermal auquel on ne manquerait pas d'attribuer toute l'amélioration obtenue. « Dans les hémiplégies récentes et en voie d'amélioration, ajoute M. Gerdy, *sans symptômes prononcés d'hyperémie cérébrale,* je n'ai point employé les eaux d'Uriage et n'aurais nulle disposition à les mettre en usage pour combattre la paralysie, qui tend elle-même à se dissiper. Si cet état était stationnaire, quoique de date peu ancienne, les eaux d'Uriage, employées avec prudence, pourraient être utiles et du moins sans danger. »

4° Hémiplégie de cause syphilitique. M. Gerdy

remarque ici que les eaux d'Urriage peuvent être employées comme auxiliaires du traitement spécifique, être assez bien supportées, malgré la présence d'une hypérémie cérébrale assez forte, et contribuer même à l'amélioration de cet état. Il semble néanmoins porté à croire que, dans les cas de cette espèce, il serait, peut-être, au moins aussi avantageux de commencer par le traitement spécifique.

M. Gerdy, résumant les résultats de sa pratique, pense, comme M. de Laurès, que dans toutes les hémiplégies et paralysies dépendant d'une affection aiguë ou chronique soit du cerveau, soit de la moelle épinière, il n'y a pas grand succès à espérer, tandis que pour les paralysies existant sans cause organique appréciable, les paralysies rhumatismales ou locales, on obtient des eaux thermales les meilleurs effets. M. Gerdy examine enfin le traitement de ces affections à Bourbonne-les-Bains, et, après avoir montré que les améliorations citées par M. Villaret étaient plutôt le résultat des forces médicatrices naturelles, il ajoute :

« M. le docteur Renard, inspecteur des eaux de Bourbonne, nous a dit : « Les eaux de

Bourbonne peuvent être appliquées au traitement de paralysies suite d'apoplexie cérébrale, lorsque la lésion primitive a franchi toutes les périodes du travail inflammatoire..... Mais, si les eaux de Bourbonne ne doivent pas être employées à une époque trop rapprochée des accidents primitifs, si leur emploi prématuré présente des dangers, de même il y aurait des inconvénients dans l'excès contraire. » Ainsi M. Renard repousse la médication thermale toutes les fois qu'il existe des symptômes de congestion et d'excitation du cerveau ; il ne veut commencer le traitement que lorsque les symptômes consécutifs à l'hémorrhagie sont dissipés. Il repousse donc, pour cela même, tous les faits que j'ai compris dans ma première catégorie et pour lesquels le traitement thermal me semble contre indiqué. Quant à l'inconvénient qu'il signale pour un ajournement trop prolongé, je le reconnaîtrai comme lui. J'ajouterai cependant cette réserve, que, si, après la disparition des phénomènes d'hyperémie, la paralysie continue de décroître et de s'effacer graduellement et visiblement, quoique lentement, il me paraît plus convenable d'ajourner la médication thermale, pour ne pas s'exposer à entraver la marche de la nature en voulant l'accélérer. Je n'admets l'indication positive des moyens thermaux que si la paralysie se montre évidemment stationnaire et réclame l'intervention inévitable de l'art. »

« A chacun son œuvre. Laissez agir la nature tant qu'elle peut et qu'elle paraît agir pour ramener l'organisme à ses conditions normales. Vous voulez lui venir en aide par l'action tonique des eaux, qui ne me paraît pas bien souvent utile en pareil cas; et avec l'action tonique, vous rencontrez évidemment l'action excitante, dont elle est inséparable, et qui vous expose à augmenter l'excitation déjà existante. Vous voulez lui venir en aide par une action révulsive dérivative, altérante, etc.; et ici encore vous retrouvez l'action excitante qui se révèle dans toutes les formes d'administration des eaux, et que vous ne pouvez en séparer. M. Le Bret se trouve très-bien de la boisson des eaux de Balaruc, employée comme dérivative; M. de Laurès s'en est trouvé beaucoup moins bien, et lui a reconnu des propriétés souvent plus excicitantes que dérivatives. M. Renard, à Bourbonne, se défie aussi de l'action excitante de l'eau minérale prise en boisson. M. Le Bret donne surtout des bains et des boissons à l'intérieur, et réserve les douches pour les cas où il y a moins d'excitation. Les médecins de Bourbonne, au contraire, donnent peu de bains en pareil cas et beaucoup de douches à température peu élevée, etc. Il y a donc de grandes divergences et de grandes incertitudes sur la manière d'agir de chacune des formes du traitement thermal. Et si l'on se fait illusion sur l'action spéciale de ces divers moyens, sur les actions prétendues révulsives, dérivatives ou autres, de la douche, de la boisson, etc., est-il étonnant que l'on se fasse illusion aussi sur la résultante générale de la médication, et que l'on en vienne à rapporter aux eaux les heureux changements dont la nature a fait tous les frais?»

» En résumé, jusqu'à présent, il ne me paraît nullement démontré que certaines eaux minérales jouissent de vertus spéciales contre les paralysies apoplectiques, et que les succès attribués à ces sources ne soient pas dus le plus souvent à l'influence de la *nature médicatrice*. En tout cas, et à moins de ranger, comme une école bien connue, les eaux minérales dans la classe des hyposthénisants, ce que vous ne ferez pas, j'en suis convaincu, les traitements thermaux me paraissent contre-indiqués toutes les fois que l'hémiplégie est accompagnée de symptômes de congestion et d'excitation vive du cerveau.

» Ils me paraissent contre-indiqués également, en l'absence de cette complication, lorsque la maladie est récente et tend, par les efforts de la nature, à s'effacer graduellement, et plus ou moins complètement.

» Mais, lorsque l'hémiplégie reste évidemment stationnaire, malgré l'emploi des moyens rationnels et des agents hygiéniques convenables, s'il n'y a pas d'excitation notable du cerveau et d'irritabilité trop vives, on peut recourir à la médication thermale, qui rendra parfois des services importants. »

Mon père a rencontré, dans sa pratique, certaines formes d'état hémiplégique persistant, dont la cause ne paraissait dépendre ni de congestion, ni d'épanchement, ni de ramollissement, ou d'une lésion organique quelconque, et qu'il ne pouvait attribuer qu'à un désordre purement nerveux.

Voici un cas de cette espèce que mon père m'a mis en position de constater moi-même.

Mme M...., âgée de 39 ans, maladive, bien réglée cependant, d'un tempérament nerveux, d'une grande énergie, et assez fortement constituée, ayant éprouvé de vives affections morales. Hémiplégie du côté gauche, datant déjà de plusieurs mois, avant l'arrivée de la malade à Bourbonne, en 1852. La jambe conserve encore assez de force dans les mouvements de totalité pour que la station et la marche soient possibles, à l'aide d'une béquille ajoutée comme renfort au côté droit; mais les mouvements du bras, de l'avant-bras et de la main surtout, sont nuls ou très-bornés. La malade est sujette à des accidents nerveux fréquents; le pouls est petit, fréquent et très-irrégulier. Ces complications pouvant faire craindre que nos eaux ne soient contre-indiquées, le traitement fut commencé avec une très grande réserve; mais, en définitive, il fut bien supporté en bains et en douches.

Une autre circonstance très-essentielle à remarquer, c'est que la malade, qui avait un goût passioné pour la peinture, était journellement exposée aux émanations des couleurs dont l'emploi lui était nécessaire, et qu'elle gardait même celles-ci dans sa chambre à coucher. Mon père, qui en fut averti, fit éloigner cette cause de danger, au moins pour la nuit. Les effets de cette réforme furent tels que le pouls ne tarda pas à se régulariser.

La malade fit usage des eaux de Bourbonne, tous les ans, depuis 1852 jusqu'en 1857 inclusivement, avec une persévérance des plus remarquables. Elle y était encouragée par une amélioration progressive, quoique lente; mais la guérison semblait encore être éloignée, lorsque, dans le cours du traitement de 1857, de vives douleurs névralgiques envahirent tout-à-coup les membres paralysés, avec une intensité telle que l'usage des eaux dut être suspendu. Ces douleurs, qui ont persisté pendant plus de quinze jours, n'étaient heureusement que le prélude de la guérison; car à dater de cette époque, une amélioration rapide se manifesta. Le mouvement se rétablit de jour en jour et de proche en proche, dans le bras aussi bien que dans la jambe, à tel point que la malade put bientôt quitter sa béquille, et que la guérison acheva de se compléter dans la même année.

10e SÉRIE.

Paraplégies.

Si nous passons maintenant au traitement des paraplégies, nous trouverons, dans les eaux thermales, des ressources à peu près analogues et des indications semblables à celles que nous avons signalées dans le traitement de l'hémiplégie. Je reprends la note de mon père où je l'ai quittée.

« Les paraplégies de cause interne, suite de myélites, sont, comme les hémiplégies, traitées à Bourbonne avec des chances de succès plus ou moins grandes, suivant la gravité des causes; il est bien entendu que, dans tous les cas de ce genre, on doit attendre que la période inflammatoire ait eu son cours et que la série des moyens déplétifs et révulsifs ait été épuisée.

« Les eaux de Bourbonne, employées suivant les formes ordinaires de leur administration, sont peu favorables dans le traitement des paraplégies, suite de l'abus des plaisirs vénériens. L'action de la chaleur en bains et en douches, et la percussion exercée par celles-ci, surtout quand on l'adresse à la région lombaire en particulier, produisent une excitation plus propre à fomenter qu'à réfréner les entraînements habituels du malade. Les bains de mer, les traitements hydrothérapiques plus ou moins froids, seraient peut-être ici plus indiqués. Rien ne s'opposerait d'ailleurs à ce que l'eau de Bourbonne fût employée de la même manière, à un degré quelconque au-dessous de la température ordinairement usitée, tous nos appareils étant pourvus d'eau thermale refroidie ; mais ce mode d'administration a été jusqu'à présent peu pratiqué.

« Il y a une sorte de paraplégie, suite de fatigues, d'excès de marche ou de refroidissement, et le plus souvent, dans la classe ouvrière, de ces différentes causes combinées. Nous avons ici les plus grandes chances de succès. Il en est de même des paraplégies qui sont dues à des chocs, à des chutes, à des commotions plus ou moins directes, ou à des ébranlements dont la moelle épinière a ressenti le contre-coup : les eaux de Bourbonne ont la plus grande efficacité dans les cas de ce genre. »

11e SÉRIE.

Paralysies diverses, contractures, Asthénies.

« Il y a ici, continue mon père, encore d'autant plus de chances de succès, que les centres nerveux principaux sont moins engagés dans les causes de l'affection, et que ces causes ont été accidentelles. Au nombre des espèces que nous guérissons, pour ainsi dire, à coup sûr, il faut compter les paralysies plus ou moins étendues, qui sont la suite de fièvres graves ou d'empoisonnements.

« Je citerai aussi certaines paralysies faciales idiopatiques, où nous réussissons également très bien et d'une manière assez prompte. Enfin, l'efficacité des eaux thermales de Bourbonne dans les paralysies de cause traumatique est depuis longtemps établie sur des faits aussi nombreux qu'irrécusables ; et c'est à cette tradition que nous devons en partie rapporter la fondation de notre hôpital militaire. »

La discussion ouverte au sein de la Société d'hydrologie médicale sur les hémiplégies, s'étant étendue aux paraplégies, on s'est étonné du grand nombre de guérisons que M. Villaret constatait dans les cas de paraplégies, dépendant, suivant lui, de myélites. Son diagnostic a paru exagéré sous ce rapport. Il est vrai de dire, en effet, que la pratique n'est pas heureuse de ce côté ; mais M. Villaret a pu se féliciter avec raison des résultats qu'il a obtenus dans les cas de paralysies essentielles. Il cite notamment le cas d'un officier d'infanterie légère, frappé de paraplégie complète, après une attaque de rhumatisme aigu, provoqué par l'exposition à un froid intense dans les montagnes de l'Atlas, et qui, après deux mois et demi de traitement thermal, était assez bien guéri pour pouvoir se livrer à la danse dans le salon de l'établissement. Il m'a été donné d'assister au rétablissement progressif et rapide de cet officier, qui vint encore, plutôt par reconnaissance, pendant plusieurs années, à Bourbonne ; la guérison s'était maintenue sans aucune rechute.

Il est certain que, dans tous les cas de paralysie qui ne dépendent pas d'une altération essentielle des centres nerveux, l'action des eaux de Bourbonne hâte et favorise singulièrement celle de la nature, qui, sans leur secours, aurait été le plus souvent impuissante.

A l'appui de cette assertion, je puis citer encore un cas de guérison des plus remarquables dont j'ai été témoin et qui appartient aux cas de paralysie spécifiés dans la onzième série.

Mme St...., de Strasbourg, jeune encore, d'une constitution forte, et d'un tempérament lymphatico-sanguin, avait été frappée d'une paralysie des membres supérieurs et inférieurs, à la suite d'une fièvre typhoïde grave, contractée en novembre 1856, et dont la durée avait été de deux mois. Les différents moyens employés, tels que bains alcalins, de feuilles de noyer, de vapeurs, frictions sèches et camphrées, strychnine, électricité, étaient demeurés insuffisants. Lors de l'arrivée de la malade à Bourbonne, le mouvement des cuisses avait reparu, mais celui des jambes était à peu près nul, et les pieds demeuraient traînants; il y avait aussi de la faiblesse dans les bras, et de l'altération, de la sensibilité au bout des doigts. Traitement commencé le 10 juin 1857, et continué jusqu'au 17 juillet, sans autre interruption que celle d'un repos de quelques jours après la première saison (19 bains, 34 douches).

Résultat constaté au départ : Beaucoup plus de facilité dans les mouvements des bras, et plus de force aussi dans les grands mouvements des jambes; même inertie des pieds. Quelques légers mouvements ont pu être cependant remarqués dans un des petits orteils, deux jours avant la fin du traitement. Mon père en tira bon augure, et en effet, huit ou dix jours s'étaient à peine écoulés depuis le retour de la malade à Strasbourg, que la guérison était presque complète. Mme St.... est revenue en 1858, parfaitement rétablie, et ne conservant qu'un peu de faiblesse et d'engourdissement dans les orteils.

Mon père a rencontré, dans sa pratique, un assez grand nombre de cas de ce genre où la guérison a été aussi prompte que complète.

12e SÉRIE.

Affections diverses.

Plusieurs subdivisions.

1° *Affections chroniques des viscères abdominaux.* Certaines affections chroniques des surfaces gastro-intestinales, suites d'état inflammatoire, ou simplement nerveuses, sont quelquefois modifiées d'une manière avantageuse et même guéries par les eaux de Bourbonne ; mais nous recevons peu de ces sortes de maladies, qui sont généralement mieux traitées par les eaux voisines de Plombières et de Luxeuil, ou par celles de Vichy. Les eaux de Bourbonne ont conservé néanmoins une réputation spéciale et bien méritée dans le traitement de certains engorgements abdominaux, suites de fièvres graves et particulièrement de fièvres intermittentes.

Les eaux de Bourbonne étaient autrefois célébrées dans le traitement de certaines maladies, vaguement groupées sous le nom général d'*obstructions*. Dans ce groupe, se rencontraient particulièrement diverses formes d'engorgement du foie, de la rate, des ovaires, du mésentère, etc. Cette réputation, fondée sur les théories de la médecine humorale, ne s'est pas soutenue. La vérité est que nos traitements réussissent peu dans les maladies de ce genre, arrivées au dégré qui les a rendues rebelles à tous les autres moyens qu'on leur oppose ordinairement.

Les eaux de Bourbonne, en bains et surtout en douches, adressées à la région lombaire et aux membres inférieurs, peuvent être utiles dans certains cas d'aménorrhée. Mon père a observé qu'elles réussissaient peu dans la leucorrhée et dans la chlorose ; c'est la thermalité qui lui a semblé être ici le principal élément de contre-indication.

2° *Ulcères atoniques*. J'ai déjà signalé précédemment la propriété détersive de nos eaux. Cette propriété se révèle avantageusement dans la cicatrisation des plaies de tout genre, et surtout dans les ulcérations superficielles entretenues par l'atonie des tissus. Le traitement doit se borner ici à l'usage intérieur de l'eau thermale et aux bains ; ceux-ci ne doivent pas être employés trop chauds, surtout dans la forme variqueuse.

3° *Engorgement des ganglions lymphatiques, adénite et ulcérations scrofuleuses. Abcès froids.* L'action des eaux de Bourbonne est remarquable surtout dans le traitement des affections compliquées d'une disposition lymphatique ou scrofuleuse, et j'ai déjà eu lieu plusieurs fois de le dire en passant. Le principe scrofuleux se rencontre en effet souvent comme cause ou complication des maladies qu'on traite à Bourbonne et qui ont été précédemment énumérées, notamment dans le groupe des tumeurs blanches, dans les luxations spontanées, dans les affections diverses du tissu osseux. Je le rencontre ici sous d'autres formes spéciales, au traitement desquelles les eaux de Bourbonne ne sont pas moins applicables et heureusement appropriées.

Les adénites, à un certain degré d'ancienneté et d'induration, sont souvent rebelles et d'une résolution difficile. Elles ne se terminent bien sous l'action des eaux de Bourbonne, que par suppuration, quand cette terminaison peut être favorisée par le traitement, ou quand nous avons affaire à cette période de la maladie. La résolution peut être toutefois obtenue, quand l'affection est récente et peu invétérée.

Je place ici une observation recueillie à l'hôpital militaire, en 1857, et qui se rapporte à un cas grave et compliqué.

P. ..., soldat au 6e régiment de chasseurs à cheval, 26 ans, tempérament lymphatique, constitution médiocre, atteint depuis quatre ans d'une adénite cervicale et axillaire; nombreux ganglions engorgés aux faces latérales du cou, remontant à droite jusqu'au devant des oreilles, et descendant jusqu'à la moitié du muscle sterno-cléido-mastoïdien; duretés non moins nombreuses à l'aisselle, avec ulcérations grisâtres. Ce malade avait fait usage des eaux de Barèges, en 1853 et 1854, sans succès. Un premier traitement suivi à Bourbonne en 1856 avait amené quelques bons résultats, mais peu décisifs encore.

Traitement de 1857 : 65 bains, 35 douches, 360 verres d'eau thermale, 15 bains sulfureux, vin de quinquina, huile de foie de morue.

Au départ état général meilleur, et disparition des engorgements; guérison.

Il y avait ici des ulcérations ; cette circonstance a été favorable peut-être à la résolution des engorgements.

Si les eaux de Bourbonne aident à la détersion comme à la cicatrisation des plaies profondes ou des fistules entretenues par le principe scrofuleux, à plus forte raison doivent-elles réussir également dans les ulcères de même nature, et c'est en effet ce qu'on a lieu d'observer.

Une remarquable discussion vient d'avoir lieu cet hiver, dans le sein de la Société d'hydrologie, sur le traitement thermal des scrofules. Cette discussion a été provoquée par une intéressante communication de M. le Dr Bougard, attaché à l'hôpital militaire de Bourbonne. Je regrette que des circonstances particulières m'aient privé du temps nécessaire pour rendre un compte détaillé des diverses opinions produites à ce sujet par MM. Patissier, Durand-Fardel, Regnault, Sée, et Gerdy ; mais je me propose d'y revenir dans un ouvrage plus étendu, dont cette thèse peut être considérée comme la préparation.

4° *Dartres.* L'eau de Bourbonne a paru efficace quelquefois dans le traitement de certaines affections dartreuses ; mais ses effets sont le plus ordinairement superficiels ou simplement détersifs , à moins que les préparations sulfureuses n'y soient combinées. Je dois cependant à l'obligeance de M. Tamisier, médecin aide-major à l'hôpital militaire, l'observation suivante d'un eczéma chronique, à la guérison duquel nos eaux ont probablement concouru.

Saison des eaux 1857. — B....., fusilier au 15e régiment de ligne, est atteint depuis 1847 d'eczéma chronique de la face dorsale de la main ; larges plaques rouges, feudillées, parsemées de nombreuses vésicules donnant une abondante sérosité. Le traitement se composa de 32 bains, de 40 douches, et de 80 verres d'eau; poudre de sous-nitrate de bismuth (*loco dolenti*). Le malade, arrivé le 17 juillet à Bourbonne, est sorti le 14 septembre. Après le douzième bain, il y a eu des manifestations d'ulcères syphilitiques à la gorge (bichlorure de mercure); les plaques eczémateuses, d'abord irritées, prirent bientôt un bon aspect. A son départ, nous constatons une amélioration considérable : la main gauche ne présente plus que quelques petites plaques écailleuses; la droite, des plaques rosées sèches, La guérison se compléta consécutivement et sans autre traitement.

5° *Syphilis constitutionnelle*. Les eaux de Bourbonne sont aussi très-utiles dans les cas de guérison imparfaite de la syphilis constitutionnelle, en faisant reparaître, par leur action excitante, les accidents secondaires à la surface. On peut alors associer très-avantageusement le traitement thermal et le traitement mercuriel ; le mercure est très-bien toléré, et souvent des guérisons définitives sont obtenues.

M. Cabasse, médecin-major au 39e de ligne, notre compatriote, vient tout récemment, dans les nos 7 et 8 de la *Revue d'hydrologie médicale de Strasbourg*, de publier le résultat de ses recherches sur ce sujet. M. Beaumès, de Lyon, avait dit : « l'observation m'a prouvé que le meilleur moyen de mettre à jour les diathèses restées longtemps masquées, chez des individus offrant des phénomènes opiniâtres qu'on ne sait à quelle cause rapporter, est l'usage des eaux thermales chaudes les plus actives, sulfureuses ou salines. Bien des praticiens, ont vu et consigné, comme moi, dans leurs écrits, des faits semblables. »

De ce nombre est M. Cabasse, qui a réuni de nombreuses preuves à l'appui de son opinion. Nous empruntons les passages suivants aux articles qu'il a communiqués à la société d'hydrologie.

« Sous l'influence de l'excitation générale produite, de l'état fébrile auquel on a justement donné le nom de *fièvre thermale,* l'activité plus grande des fonctions d'exhalation, de sécrétion et d'absorption, apporte dans l'ensemble de l'économie de puissantes modifications, et est souvent le moyen le plus efficace pour obtenir la guérison de ces divers états morbides. . .

« Parmi les eaux chlorurées sodiques, celles de Bourbonne-les-Bains, qui méritent d'être placées au premier rang de celles de la classe à laquelle elles appartiennent, possèdent à un haut degré la propriété de réveiller les divers accidents secondaires et tertiaires de la syphilis constitutionnelle, et de déceler dans l'économie la présence du virus syphilitique latent.

« Charles, en 1749, dans un onvrage sur les eaux de Bourbonne, considérait leur emploi comme dangereux chez les individus entachés du virus syphilitique, et paraît être le premier qui ait reconnu la propriété des eaux salines de réveiller et décéler, dans l'économie, la présence de ce virus. »

« L'emploi des eaux est nuisible, dit-il, dans les maladies vénériennes, parce qu'elles renouvelleraient et réveilleraient en quelque sorte le virus assoupi en lui donnant du mouvement et de l'action. »

« Chevalier, en 1772, paraît avoir retiré quelques avantages de l'emploi des eaux de Bourbonne, et a cherché à les préconiser dans les syphilis anciennes. »

« Ces eaux, dit-il, sont utiles dans la vérole réfractaire ou spécifique, qui, par elles, reprend ses droits. »

M. Cabasse, continuant ses citations, ajoute :

« A la même époque, dans une thèse publiée à Besançon, nous avons trouvé les lignes suivantes et deux observations tendant à prouver l'efficacité des eaux salines. »

« Les eaux n'ont pas la vertu de la faire éclore (la vérole), mais elles ont celle de donner au mercure de la force et de le dépêtrer des filières où il serait embarrassé, en le revivifiant et en le faisant couler. »

« Plus tard, Mongin-Montrol, médecin à l'hôpital militaire, en préconise l'emploi. Il dit qu'associées au mercure, les eaux, en certains cas, peuvent en assurer mieux les effets ordinaires. »

« Bien que les eaux, dit M. Ballard père, ne soient pas du tout un spécifique de la syphilis, dont elles rappellent tout les symptômes, lorsqu'elle n'a pas été complétement détruite, les bains et surtout les douches, les étuves de Bourbonne, contribuent comme de puissants auxiliaires au traitement mercuriel ou sudorifique, communément adopté dans de pareilles circonstances. »

M. Cabasse donne, à l'appui de ce qui précède, plusieurs observations qui peuvent sembler concluantes.

« Nous ne pouvons, dit encore le Dr Cabasse, comme complément indispensable de la question qui vient de nous occuper, nous dispenser de dire quelques mots des effets du traitement thermal sur les écoulements uréthraux anciens qui ne dépendent pas de coarctation, de rétrécissements ou d'altérations profondes de la membrane muqueuse du canal de l'urèthre.

« Bon nombre de malades chez lesquels ces écoulements muqueux, quelquefois très-anciens, sont des complications de maladies pour lesquelles ils viennent réclamer le bénéfice des eaux, arrivent chaque année à Bourbonne. Au bout de quelque temps, presque toujours au début, après six ou huit bains, sous l'influence de la propriété stimulante de l'eau thermale, un écoulement léger devient très-abondant. Une suspension momentanée des bains et des douches, remplacés par des injections astringentes, dissipe rapidement les accidents; plus tard quelques injections d'eau thermale guérissent le plus souvent sans retour cette maladie parfois si rebelle et si résistante à tous les moyens usités en pareil cas.

« Il nous serait facile de citer un grand

nombre de guérisons de ces uréthrites chroniques qui reprennent un certain degré d'acuité à la plus légère cause (un excès de table ou de coït, la bière, le café, un bain pris trop chaud), et qui souvent font le désespoir des malades et des médecins. Les eaux thermales seraient donc encore, dans quelques cas rares, une ressource dont on pourrait profiter. »

Je termine cette partie de mon travail par une observation que je dois encore à M. Tamisier.

Saison de 1858. M. R....., âgé de 32 ans, employé d'une administration, a eu deux uréthrites; la première, en 1852, très-aiguë, a eté suivie d'une orchite qui a nécessité les antiphlogistiques locaux. Au mois d'août 1857, il est de nouveau atteint d'une uréthrite subaiguë, qui d'abord est compliquée d'une ophtalmie blennorrhagique qui dura jusqu'au mois de janvier 1858, et qui lui a laissé une taie sur l'œil gauche. A cette époque, l'écoulement, contre lequel on n'aurait employé aucun remède depuis l'ophthalmie, disparaît sous l'influence de quelques prises de poivre de cubèbe; mais en même temps un gonflement des deux genoux nécessite l'usage de sangsues, de révulsifs, etc. On fait revenir l'uréthrite au moyen de l'ammoniaque, qui développe un écoulement abondant et une vive inflammation. Le genou gauche guérit promptement ; mais le droit, tout en s'améliorant, résiste aux moyens employés. M. R..... vient à Bourbonne le 12 juin 1858 et présente l'état suivant : Gonflement du genou droit, qui offre 2 centimètres de plus que le genou gauche ; amaigrissement très-notable du membre et surtout de la jambe ; douleur très-vive à l'angle inférieur et externe de la rotule, douleur qui augmente surtout par la pression : aussi M. R....., quand il est assis, a-t-il pris l'habitude d'avoir la main sur le genou, dans la crainte d'un choc. Gêne dans les mouvements de l'articulation, dont la flexion est incomplète, arrêtée par l'augmentation de la douleur ; un peu d'épanchement synovial. Traces de nombreux vésicatoires sur les deux genoux, claudication nécessitant l'usage d'une canne. Du 13 juin au 1er aout, M. R..... prend 25 bains, 35 douches en arrosoir, et quelques verres d'eau dans le principe. Au neuvième bain et à la huitième douche, l'uréthrite reparaît assez aiguë pour nécessiter la suppression momentanée du traitement. Le genou n'a encore rien gagné, la douleur serait même plus vive ; il y a de la fièvre, le malade garde le lit. Régime ; pour tout traitement, une bouteille de limonade de Rogé (citrate de magnésie). Après onze jours, reprise des douches seulement ; puis, quand l'irritation de l'uréthrite est tombée, reprise des bains. Pendant le traitement, qui n'est désormais plus suspendu, l'écoulement présente des phases d'augmentation et de diminution. La douleur du genou diminue sensiblement de jour en jour, elle a disparu avec la vingt-cinquième douche ; le gonflement semble en voie d'amélioration, les mouvements sont beaucoup plus faciles. Application continue de compresses imbibées d'eau thermale refroidie, continuation des bains et des douches en arrosoir. Dès ce moment, le gonflement diminue visiblement, la claudication est à peine sensible. Le malade peut quitter sa canne : je lui dis de la conserver encore. A son départ, qui eut lieu le 1er août, le genou paraîtrait dans son état normal, si ce n'était l'amaigrissement du membre; il n'y a pas quelques millimètres de différence avec le gauche. L'uréthrite n'a pas disparu. Je conseille au malade de ne rien faire pour arriver à ce résultat avant d'avoir vu ce que la cessation du traitement thermal produirait. Le 3 octobre, je reçois une lettre de M. R....., dans laquelle il m'assure *avoir oublié qu'il avait souffert du genou* ; il me demanda s'il devait tenter quelques moyens contre un léger écoulement qui persiste. Je lui conseille de nouveau de le laisser disparaître tout seul.

Contre-indications principales à l'usage des eaux de Bourbonne.

1° L'état aigu ;

2° La disposition hémorrhagique : hémoptysie, hématémèse, hématurie, métrorrhagie ;

3° Les affections organiques du cœur et des gros vaisseaux ;

4° Les hydropisies en général : hydrocéphale, hydrorachis, hydrothorax, hydropéricarde, ascite ;

5° L'asthme essentiel ou nerveux, l'emphysème pulmonaire, l'angine de poitrine, et généralement tous les cas de dyspnée ;

6° Les cachexies cancéreuses et tuberculeuses ;

7° Les affections calculeuses ;

8° La goutte et même le rhumatisme goutteux, toutes les fois que ces affections ne sont pas à l'état qu'on peut dire atonique ;

9° La période inflammatoire de la formation des abcès, les dépôts par congestion, avant leur ouverture ;

10° Les cas de paraplégie, compliqués d'escarres gangréneuses.

11° Les paralysies et contractures dépendant d'un travail inflammatoire ou d'une dégénérescence organique du cerveau ou de la moelle épinière ;

12° Le tremblement nerveux en général, la danse de Saint-Guy, l'épilepsie.

BIBLIOTHÈQUE IMPÉRIALE IMPR.

Je place ici, pour terminer, une série de résultats rassemblés par mon père, et consciencieusement rapportés.

NOTA. La lettre A indique les guérisons obtenues, guérisons dans le nombre desquelles il en est qui ne sont que relatives ; la lettre B, les améliorations plus ou moins grandes ; et la lettre C, les insuccès.

	A	B	C	Totaux.
1re Série.— Rhumatisme musculaire, névralgies	86	260	101	447
2e Série.— Rhumatisme articulaire	64	267	82	413
3e Série.—Tumeurs blanches, hydarthroses	18	88	40	146
4e Série.— Luxations spontanées	2	33	7	42
5e Série.— Diastases, entorses, foulures	30	39	15	84
6e Série.— Ankyloses	11	72	21	104
7e Série.— Diverses lésions du tissu osseux, ostéite, carie, nécrosse	14	61	25	100
8e Série.— Suite d'accidents, coups de feu, blessures, etc.	49	181	41	271
9e Série.— Hémiplégie	11	93	48	152
10e Série.— Paraplégies	20	130	65	215
11e Série.— Paralysies diverses, contures	23	62	35	120
12e Série.— Affections diverses	14	71	22	107
Totaux	342	1357	502	2201

Les guérisons immédiates ou obtenues sur les lieux sont rares. On ne peut compter ordinairement que sur les effets consécutifs ; et cela se conçoit d'autant plus facilement que les maladies dont on vient demander le remède aux eaux, sont chroniques, et qu'elles ont résisté déjà, pendant un temps plus ou moins long, aux moyens ordinaires de la médecine. Un certain nombre de malades nous reviennent, il est vrai, plusieurs années de suite, et nous pouvons ainsi juger de leur état ; mais il n'en est pas de même de tous ; et parmi ceux qui ne reviennent pas, des guérisons consécutives peuvent avoir eu lieu sans que nous en soyons informés. Nous sommes donc ainsi privés de la connaissance d'une partie essentielle de nos résultats, des plus favorables surtout, car il est certain que les guérisons consécutives sont les plus nombreuses, et les seules vraiment concluantes. Il peut arriver, en effet, cela est aussi d'observation, qu'une amélioration, qu'une guérison même, en apparence acquises, ne se soutiennent pas, tandis que, d'un autre côté, plus d'un malade, parti sans soulagement et même avec aggravation de ses douleurs, peut recueillir, après quelque temps, le bénéfice des eaux.

Ce que le simple raisonnement, ce que l'expérience aussi, conduisent à établir, est d'ailleurs appuyé chez nous d'une preuve irrécusable. L'administration de la guerre a voulu que l'état des militaires envoyés chaque année aux eaux, fût constaté, l'année suivante, par les officiers de santé des différents corps auxquels ils appartiennent, et que les résultats de cet examen lui fussent adressés. Par suite de cette sage mesure, les officiers de santé en chef, attachés à notre hôpital militaire, ont la satisfaction d'être informés de la position définitive des malades dont le traitement leur a été confié l'année précédente. Or il suit, de ces renseignements ultérieurs, que le chiffre des guérisons est à peu près doublé.

Il importe de dire aussi que les eaux thermales attirent, chaque année, un certain nombre de malades dont les affections, plus ou moins invétérées, sont véritablement au-dessus des ressources de la médecine, et qui ne peuvent y être, tout au plus, que soulagés momentanément. Ces cas ne sauraient être admis comme concluants dans les statistiques de la médecine des eaux, et mon père les a en conséquence écartés de l'état ci-dessus.

BIBLIOTHÈQUE IMPÉRIALE IMPR.

www.ingramcontent.com/pod-product-compliance
Ingram Content Group UK Ltd.
Pitfield, Milton Keynes, MK11 3LW, UK
UKHW031910260826
14628UKWH00003B/1098

9 782014 097566